福島第一原発事故 10年の再検証

原子力政策を
批判し続けた科学者が
メスを入れる

岩井　孝
児玉一八
舘野　淳
野口邦和

あけび書房

はじめに

―この本で伝えたいこと―

　世界でも例がない３つの原子炉での大事故が福島第一原発で起こってから、2021年３月で10年が経ちます。

　多くの福島県民が今もなお県内外で避難生活を続けており、ピーク時の約16万人から減ったとはいえ、約４万人の方々がふるさとに帰還できずにいます。事故機の廃炉作業が続けられていますが、原子炉などの放射線量はきわめて高い状況が続いているため、破損状況をつぶさに確認するまでにはまだ時間がかかりそうです。

　原子炉建屋への地下水や雨水の流入によって汚染水が増え続けていて、放射性物質を分離した処理水のタンク保管量は約120万トン（t）（学校の25mプールの水量は約400tですから、その約3000倍）になっています。事故で融けた燃料デブリ（燃料や構造材などが溶融してから固まったもの）の一部は圧力容器の底を突き破って格納容器の底に落下しており、１〜３号機のすべてでこれを回収することになっていますが、その作業は困難を極めていて今後の見通しはまったく立っていません。

　廃炉に向けた中長期ロードマップが2011年12月21日に政府から発表されましたが、これまでに何度も見直しが行われて作業工程が先延ばしになっています。2019年12月改訂版では2041〜2051年に廃炉を完了するという目標が立てられていますが、これは最初の中長期ロードマップに書かれた目標年度のままで、工程が遅れて先延ばしになっているのに目標年度は改訂しないことに疑問を感じます。また、ここでいう「廃炉完了」とは燃料デブリをすべて取り出し、建屋も解体撤去して更地にするというものです。20〜30年後にそういった状況がはたして実現できるのか、きわめて厳しいと考えざるを得ません。

　こういった状況の一方で、原発の再稼働が進められてきました。2015年8

月の川内原発1号機（鹿児島県）を皮切りに、同年中に川内2号機、2016年に伊方原発3号機（愛媛県）、2017年に高浜原発3、4号機（福井県）、2018年には大飯原発3、4号機（同）、玄海原発3、4号機（佐賀）が運転を再開しています。これらは福島第一原発事故を起こした炉型（沸騰水型軽水炉、ＢＷＲ）とは違った加圧水型軽水炉（ＰＷＲ）ですが、2020年秋には事故機と同じＢＷＲである女川原発2号機（宮城県）の再稼働に同県知事が合意しました。2017年12月には、事故を起こした東京電力の柏崎刈羽原発6、7号機（ＢＷＲ、新潟県）について、原子力規制委員会は「新規制基準」（福島第一原発事故をふまえて改訂）の適合性審査に合格したと発表しています。

　福島第一原発事故やチェルノブイリ原発事故（旧ソ連で1986年4月に発生）のような事故を、シビアアクシデント（過酷事故）といいます。原子炉を設計する際には、あらかじめ「起こり得る事故（設計基準事故)」を想定するのですが、これを超えた事故が起きてしまうと、想定された手段では炉心冷却や核反応の制御ができなくなります。そうなると運転員は、想定外の手段を自分でさがして対応しなければなりません。こういった事故がシビアアクシデントです。
　福島第一原発事故が起きたのは、スリーマイル島（ＴＭＩ）原発事故（アメリカで1979年3月に発生）やチェルノブイリ原発事故という2つのシビアアクシデントを目の当たりにしても、「日本では起きない」と政府や電力会社が高をくくっていたからです。規制機関であるにもかかわらず、「安全神話」にどっぷりつかってこれを容認した原子力安全委員会と原子力安全・保安院は、その責任をまぬがれることができず、2012年9月に廃止されました。
　これに代わって発足した原子力規制委員会が、福島第一原発事故のようなシビアアクシデントはもう起きないとして、まずはＰＷＲでの再稼働を認めて、さらには事故を起こしたＢＷＲでも運転にゴーサインを出したわけです。はたして本当に、日本の原発は二度とシビアアクシデントを起こさないように「変わった」のでしょうか。
　これについて考えるために、10年前に起こったことを今一度振り返ってみましょう。

　2011年3月11日14時46分、三陸沖で東北地方太平洋沖地震が発生。その

地震動が福島第一原発に到達し、この揺れを感知して１、２、３号機の原子炉に制御棒が自動的に挿入され、核分裂反応が停止しました。しかし、核分裂は止まっても、原子炉には核分裂によって作られた放射性物質がたまっていて、膨大な量の崩壊熱を出し続けています。そのため、ポンプをまわして水を循環させ続けて、原子炉を冷やし続けなければなりません。

　ポンプをまわすには電力が必要ですが、原発の発電機はすでに止まっていますから、別の発電所から電力をもらわなければなりません（外部電源）。ところが地震で送電鉄塔が倒壊し、受電施設も破壊されてしまったため、外部電源の供給がストップしてポンプは停止しました。外部電源が失われた直後、非常用ディーゼル発電機が自動的に起動してポンプを動かし始め、ふたたび原子炉の冷却が行われるようになりました。ところが15時30分前後、二波の津波が福島第一原発をおそったために、津波が到達しない高さに設置されていなかった非常用ディーゼル発電機は浸水して機能を失い、ついにすべての電源が失われてしまったのでした（全電源喪失）。

　すべての電源が失われても、炉心はなんとかして冷やし続けなければなりません。そのために電源不要の冷却装置がいくつか設置されていて、それらが起動して原子炉の冷却が再開しました。ところが電源不要の冷却装置も、数時間から３日ほどで次々に止まっていきました。冷却できなくなった原子炉では水位が低下し、膨大な熱を出し続ける核燃料がついに露出し始めました。電源不要の冷却装置は、事故の際に自動的に作動する最後の砦でした。この装置が機能を失ったことで、福島第一原発事故はシビアアクシデントの領域に突入しました。３つの原子炉で、事故は時間の差はあるものの類似した経過をたどっていきました。

　原子炉の冷却ができなくなると、燃料棒が水の上にむき出しになって温度が急上昇していきます。燃料棒の温度が1200℃を超えると、燃料をおおう管（被覆管）のジルコニウムと水が化学反応を起こし、その際に大量の水素が発生します。この反応が起こり始めると大量の熱も発生するので、温度はさらに上昇していきます。1800℃で被覆管が溶融し、2800℃になるとウラン燃料も融けてしまいます。

　こうしたことを防ぐために、直ちに原子炉に水を注いで（注水）冷やし続けなければなりません。しかし、福島第一原発事故では注水にも失敗してしまい、

燃料棒をはじめ原子炉の構造物は次々と融けはじめました。原子炉圧力容器の底には穴が開いて、融けた構造物は格納容器の底へと漏れ出して落ちていき、燃料デブリとなりました。

　これが、福島第一原発事故の大まかな経過です。事故機では、停電で真っ暗になって余震が続くといった過酷な環境の中で、発電所員は必死になって対応にあたっていました。ところが、いったん冷却ができなくなった原発は、まるで急な坂を転げ落ちるように事故が進展していき、ついにはシビアアクシデントに至ってしまいました。

　その原因はなんだったのでしょうか。それは、「熱の制御が極めてむずかしく、いったんそれに失敗すると、いとも簡単にシビアアクシデントを起こす」という、日本の原発が抱えていた致命的な欠陥にありました。それでは、原子力規制委員会が原発の再稼働にゴーサインを出したということは、この致命的な欠陥が取り除かれたからでしょうか。決してそうではないのです。

　日本の原発は例えてみれば、卵をとがったほうを下にして無理やり立たせ、ふらふらと不安定な状態にあるものを、まわりにいくつも"つっかい棒"で支えているというような脆弱なものです。この"つっかい棒"が、「電源不要の冷却装置」や「ベント」、「消防車のポンプによる注水」などだったわけですが、それらは事故の進展を食い止めることができませんでした。

　福島第一原発事故のような事故を二度と起こさないためには、卵を横向きに寝かせて安定させなければならないはずです。例えば、燃料被覆管にジルコニウムを使っているから高温で水と反応して水素を発生させ、水素爆発につながったのですから、そのような反応を起こさないステンレスで被覆管をつくれば水素発生の原因は取り除けます。

　ところが、事故後になされた「安全対策」は、このようなものではまったくありません。とがったほうを下にしたままで、ふらふらと揺れ動く不安定な卵のまわりに置いた"つっかい棒"の数を「少し増やした」というものにすぎません。これでシビアアクシデントの可能性はなくなったとは、到底言えないでしょう。ところが原子力規制委員会は、そういった原発の再稼働を認めてしまったわけです。

福島第一原発事故によって気づかされたことは、原発でシビアアクシデントが起こってしまえば、地域そのものが崩壊してしまうということです。そしてこの事故は、そのような原発を引き続き日本の電力供給の主軸にしていくのか、あるいは福島のような事故を二度と起こさないために原発から撤退していくのか、その場合は生活や産業を支える電力をどうするのか、という問いを国民につきつけました。

　国の行方を左右するこの問いに対して、肝を据えた議論が始まるであろうと、10年前に私は考えていました。原発に賛成する人も反対する人も腹を割って真剣に議論して、「もう十分にものは言った。だから結論は自分の最初の思いとは若干違っているかもしれないが、みんなで十分に話し合って決めたのだから最終的にはその結論を尊重する」ということが、今度こそできるのではないかと期待していました。そのためには、目の前にある問題について、ほかのことでは考えが違っていたとしても、最終的に到達した結論で手を握れるような議論がきちんとできる環境でなければならないとも考えました。

　しかし、事故から時間が経過していくにしたがって、いっとき盛り上がった議論はだんだん下火になっていきました。それだけではなく不毛な対立や分断が大きくなっていきました。原発は福島第一原発事故などなかったかのように再稼働が進められ、一方で、「被曝影響」をことさらに煽って被災者を苦しめる主張も横行していきました。そういった状況を目の当たりにして私が感じたのと同じようなことを、2020年秋のアメリカ大統領選挙に際して、同国出身で日本で活動している方が書いていました。

　　政治的な意見が違うのはいいんです。大きな政府か小さな政府か、銃規制に賛成か反対か。議論ができるはず。でも「空は青くない」と言われたら話ができないじゃないですか。事実すら共有できない。そういうアメリカになっている。(朝日新聞、2020年11月10日付)

　福島第一原発事故の後にも、「空は青くない」のたぐいの話がさんざん出されました。いわく、「福島の事故はチェルノブイリよりはるかに深刻だ」、「事故炉では再臨界が起こっている」、「福島ではたくさんの多くの人が"がん"になる」、「福島は放射線管理区域と同じだから人は住めない」、「被曝で奇形児が

生まれるから、福島では子どもを生んではいけない」などなど。

　得られているデータを見て科学の立場から検討すれば、これらが荒唐無稽な主張であることがすぐにわかります。ところがなぜ、こうしたデタラメが拡散されていき、少なくない人がそれを信じてしまったのでしょうか。

　その1つの理由が「反原発」の運動の中にあった、「事故や被害を大きくいったほうが、運動にとって都合がよい」とか、「反原発に役立つなら、真実を捻じ曲げたり嘘をいったりしても許される」といった風潮です。

　例えば、福島第一原発事故で放出された放射性物質によって健康影響が生じているのか否かということは、科学的に検証されなければならない問題です。そして、検証されて明らかになったことは、原発に反対とか賛成とかいった立場とは関連のない、客観的な事実です。

　ところが、被曝の影響を過大に評価する「自称専門家」たちは、そのような科学的な手続きをふもうとせず、はじめから結論ありきで「被曝で"がん"が増える」に合致する「論文」や「データ」だけ収集し、それ以外は無視しています。こんなやり方は科学とは無縁です。科学者ならば、科学的に得られたと自信をもっていえるデータだけをふまえて、過小でも過大でもない「事実」を発信していくべきです。

　福島第一原発事故を引き起こした原因の1つに、独善的で閉鎖的、排他的な「原子力ムラ」があったという指摘がありました。ところが、「自称専門家」たちがやってきたことは、はからずも「原子力ムラ」と同じようなものでした。「原子力ムラ」の対極に同じ体質の「反原子力ムラ」を作ってしまうのは、とても愚かなことであると考えます。

　もう1つに、報道の問題があると考えます。事故から10年が経過して、状況は刻々と変化してきています。しかし、そのことに関する冷静で科学的な報道は残念ながらあまり見られず、「うまくいっていない」ことだけをことさらセンセーショナルに報じるというやり方が目につきます。そのため少なくない人びとの中で、情報が古いままでアップデートされないとか、「対策が進んで状況は変化してきている」ことが知られていない、といったことが起こっています。

　日本では今、福島第一原発事故や全国の原発をめぐって、考えなければなら

ない問題が山積しています。

　福島第一原発事故は、日本の原発が致命的な欠陥を持っていることを白日の下にさらしました。そういった原発を、引き続き電力供給に使っていくのか否かが問われています。私たちの生活は電力なしには一日も成り立ちませんから、その電力を今後どのように供給していけばいいのかという問題は、日本に住む人々すべてに問われていることだと考えます。そういったことを無視して原発再稼働が進んでいけば、ふたたび福島第一原発事故のようなシビアアクシデントが日本で起こる可能性は否定できません。

　福島第一原発の事故機については、どのように廃炉を進めていくかを福島県民や国民に説明しながら、処理水の処分をどうしていくのか、燃料デブリの取り出しははたして可能なのか、その全量取り出しを前提にした「更地方式」での廃炉完了でいいのか、といったことを国民的に議論していく必要があるでしょう。

　これからは原発が次々と廃炉になる時代を迎えますから、原子炉などとともに放射性廃棄物や使用済燃料をどうするのかという検討も必要です。高速増殖炉「もんじゅ」の廃炉によって破綻が明らかになった「核燃料サイクル」、使う当てがないのにたまり続けてきたプルトニウムをどうするか、という問題も目の前にあります。

　また、福島第一原発事故がもたらした重大な人権問題として、子どもの甲状腺検査にともなう「過剰診断」の問題もあります。ふるさとを離れたままの多くの被災者の皆さんの、帰還や移住をどのように進めていくかという課題もあります。

　このように、私たちの目の前には、解決がせまられているたくさんの問題があります。これらの問題について、考えられうるもっとも適切な解決法を決めて実行するためには、科学的な判断とそれをふまえた議論、そして政治的な決断が必要です。そういった状況の中で、事実に基づかない主張や、被災者を置き去りにした不毛な議論を続けている場合ではないと考えます。

　筆者の1人である舘野は、著書に以下のように書きました。

　　事故が起きた当座は、マスコミをはじめ皆が大騒ぎをするが、時が経つにつれて忘れてしまう。この積み重ねが福島への道を開いた。筆者はこの忘却方式こそ、最悪の解決法だと考える。これだけの事故を起こしたのだ

から、せめてこれを機会に、「原発とはどのような存在であり、私たちにとって何であるのか」という問題を徹底的に掘り下げるべきだ。原発を利用するにしろ、訣別するにしろ、まずなすべきことは徹底した議論を重ねることである。（舘野淳『シビアアクシデントの脅威』東洋書店、2012 年）

　本書はこのような考えのもとで、4 人の科学者が福島第一原発事故と原発をめぐるさまざまな問題について考えるうえで必要と思われることを、科学的にわかりやすく説明するために書きました。4 人はいずれも、福島第一原発事故の 25 年前に起こったチェルノブイリ原発事故以前、さらに TMI 事故の前後から、40 ～ 60 年にわたって原発に対して批判的な立場で原発や放射線に関するさまざまな問題を研究し、発信してきました。

　舘野は 1960 年代から、日本原子力研究所（現、日本原子力研究開発機構）で核燃料化学の研究を行いました。同研究所の労働組合委員長を務め、原子力の利用は核兵器からスタートし、エネルギーを集中して作る一方で、大事故での災害源となりうるという側面を持っているため、その取り扱いは国民的な合意を形成したもとで慎重に行わなければならないと主張し続けてきました。そして、それを快く思わない政府からの言論抑圧に対して、「公開・自主・民主」の原子力平和利用三原則の堅持をかかげてたたかってきました。

　野口は 1970 年代から日本大学で、放射化学・放射線防護学の研究を行うとともに、長年にわたって放射性同位元素共同利用施設で放射線管理にたずさわってきました。旧ソ連崩壊後、プルトニウム生産工場周辺で土壌を採取して分析し、高レベル廃液が垂れ流されたことを明らかにするなど、核兵器開発の被害を告発してその廃絶のための運動を続け、原水爆禁止世界大会実行委員会運営委員会共同代表も務めています。福島第一原発事故後は、福島県本宮市や二本松市などでアドバイザーも担い、住民の方々の被曝低減などに尽力しています。

　岩井は 1980 年代から、日本原子力研究所で主に高速増殖炉用プルトニウム燃料の研究を行い、15 年にわたり同研究所労働組合委員長も務めました。政府が進める「核燃料サイクル」政策に対して、MOX 燃料を軽水炉で燃やす「プルサーマル」が科学的にも技術的にも成り立たないと批判し続けてきました。福島第一原発事故後は研究所内でこの事故をふまえた議論を呼びかけるとともに、全国各地で学習会の講師などをして広く伝える活動をしてきました。

児玉は、1980年に第1種放射線取扱主任者免状を取得し、放射性核種を使って生物化学・分子生物学の研究を行いました。石川県の住民運動の結成に参加し、その事務局長を20年以上務めています。北陸電力・志賀原子力発電所を対象に、事故の分析、原子力防災計画の分析と訓練の視察、事故の際の屋内退避施設や避難路の調査などを行い、その知見をわかりやすく知らせる活動を行ってきました。

　4人の著者はいずれも、核・エネルギー問題情報センター（NERIC）の役員をしています（舘野は事務局長、野口、岩井は常任理事、児玉は理事）。NERIC は、原子力発電とそれに関連するさまざまな問題について正確な情報を提供するために、1978年に設立された科学者・技術者などの自主的な集まりです（当時は原子力問題全国情報センター。その後、原子力問題情報センターを経て、現在の名称に）。日本では長年、安全宣伝と利益誘導で国民の不安を抑え、次々と原発や核燃料サイクル諸施設を建設・運転するなど、国際的にも突出した原子力政策が進められてきました。

　そのような状況の中で、NERIC は日本独特の国民的合意である「公開・自主・民主」の原子力平和利用三原則の立場から、原子力問題について専門家と住民を結ぶ役割を担ってきました。

　この本の内容をざっと紹介します。

　第1章は、福島第一原発事故の発生から10年を経過して、事故機と被災地がどうなっているのかを書いています。2011年3月11日に発生した三陸沖の巨大地震を引き金に、事故がどのようにして始まって進展し、ついにはシビアアクシデントに至ったのかを説明した後、この事故によってどのような放射性核種がどのくらい環境に放出され、福島県民の外部被曝と内部被曝の状況はどうだったのか、事故による健康被害はどうであったかを述べています。

　第2章では、事故を起こした1〜4号機の廃炉はどこまで進んでいるのか、今後はどうなっていくのか、敷地内の大量の処理水をどうしたらいいのか、避難指示と避難解除をめぐる基準をどう考えればいいのか、について書いています。また、福島県の子どもたちを対象にして行われた甲状腺検査が、過剰診断という深刻な問題を起こしてしまったことについても述べています。

　第3章では、日本の原発をこれからどうしていけばいいのかを述べています。

福島第一原発事故をふまえた対策はどのようなものであり、それによってシビアアクシデントの危険はなくなったのか否か、原発の「負の遺産」である廃炉や放射性廃棄物、使用済燃料をどうするのか、核燃料サイクルはどのようにして破綻していったのか、プルトニウム使用済燃料の「リサイクル」がどのようなものか、事故後に改定された原子力防災対策で避難者の身は守られるようになったのか、が書かれています。

　第4章では、2020年から世界中で脅威となっている新型コロナウイルス感染症とも対比させながら、災害に対応するための最善策は科学的に積み上げていかなければならないこと、「科学の論理と人間の論理」、「科学と技術の違い」などを述べています。そして、福島第一原発事故後にふりまかれた「再臨界」、「放射線管理区域」、「鼻血」、「遺伝的影響」などが科学的根拠をもたない流言飛語（デマ）であると批判しています。

　私たちはこの本を、次のような方々に読んでいただきたいと考えています。

　第1に、福島県に暮らしている方々、福島県から避難されている方々、被災地を支援したいと思っている方々です。この方々は、福島第一原発の廃炉はどう進むのか、被災地はどうなっているのか、健康影響はどうなのかについて、心配されていたり大きな関心をお持ちだったりと思います。

　第2は、原発をどうしていけばいいのかを考えている方々です。事故機の廃炉や処理水の状況、各地の原発の後始末をどうしたらいいのか、といった問題について知りたいのに情報がなかなか手に入らない、と思っている方が少なくないと思います。

　第3は、原発に関する問題について取り組んでいる研究者やジャーナリストの方々です。原発に賛成とか反対といった立場を超えて、目の前にある解決が必要な問題についてごいっしょに考えることができたらと思います。

　本書が、福島第一原発事故によって引き起こされた問題の解決に、少しでも役に立つことができれば幸いです。

（児玉　一八）

＊各節の末尾に執筆者を付記してあります。内容に関する責任は各執筆者が負います。

もくじ ● 福島第一原発事故 10 年の再検証

第3章　これからどうする原子力発電

第4章　科学的な土俵を共有して、公正・公平な議論を

第1章

福島第一原発事故から10年

事故機と被災地はどうなっているか

福島第一原発事故はなぜ起こったか

―何が分かり、何が分かっていないのか―

1. 福島第一原発事故の経緯―原発災害の原点

　福島第一原発事故の経緯については、政府事故調査委員会報告をはじめ多くの報告がなされており、いまさら取り上げなくてもと思う人もいるかもしれません。しかし、あの原子力災害の全ての原点がここにあります。要点だけでもたどってみましょう。[*1]

　2011年3月11日14時46分、三陸沖を震源とするマグニチュード9.0の巨大な地震が発生し、この地震による千年に一度ともいえる巨大な津波の第1波が15時27分頃、第2波が15時35分頃、東京電力福島第一原子力発電所を直撃しました。

　この地震・津波が福島第一原発事故の直接原因ですが、「事故はなぜ起きたのか」という全体像を求めるならば、①（事故当時「想定外」という言葉が多用されましたが）巨大地震・津波という「想定外」の自然災害によって、膨大な放射性物質をため込んだ原発という装置が、もろくも「簡単に」破損することを見通せなかった関係者の想像力の欠如、②運転時300万キロワット（kW）（電気出力100万kW級原発で）という膨大な熱エネルギーを扱うにしては、あまりにも小容量の格納容器しか備えていない「沸騰水型炉」（Boiling Water Reactor、BWR）の設計そのものの欠陥性、さらには、③危険な装置を扱いながら、炉心溶融のような深刻な事態は起こらないと根拠なく思い込み、その対応（シビアアクシデント対策）の準備を怠り、スリーマイル島（TMI）事故・チェルノブイリ事故が発生して、重大な事故（シビアアクシデント）が現実に起こることが分かってからも、その態度を改めなかった規制当局や電気事業者の無能・

無責任な体質など、全般的事情に目を向ける必要があります。

　しかし今ここでは、事故の進行に焦点を絞り、事態がなぜあのような重大な事故に進展することが避けられなかったのかを考えることにしましょう。

① 原発の構造の簡単な説明

　沸騰水型炉と呼ばれる原発はその名のとおり、巨大な「湯沸かし」に様々な安全装置を取り付けたものといえます。「湯沸かし」の本体は、核分裂反応によって熱を発生する炉心と、それを包む圧力容器（運転中は約70気圧）からなる原子炉です。原子炉の中で核分裂の熱により水（冷却水）を蒸気に変え、この蒸気をタービンに送って発電機を回し発電します。圧力容器は事故の際の放射性物質を閉じ込める格納容器（福島事故の原子炉ではフラスコ形容器）に入れられており、格納容器はさらに原子炉建屋の中に置かれています（図1参照）。

図1　ベント関連施設（東京電力の資料より改変）

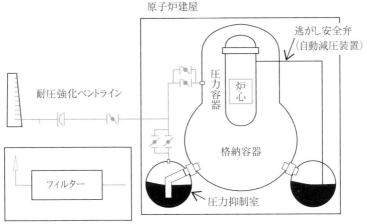

　BWRの格納容器の体積は、もう1つの型の軽水炉である「加圧水型炉」（Pressurized Water Reactor、PWR）に比較して、5分の1と極めてコンパクトなのですが、これは圧力抑制室（格納容器の下方にあるドーナッツ状のプール）を

設計として取り入れたため達成されました。コンパクトな格納容器と圧力抑制室という設計―これによってBWRは経済的競争力を得られたのですが、実は事故の鍵をにぎる欠陥設計でもあるのです。

　安全装置の主なものは、上記の放射性物質を閉じ込める格納容器のほか、核分裂反応を止めるための制御棒と、いろいろな冷却系があります。冷却系は膨大な熱を扱う原発の安全確保の中核であり、福島第一原発事故は、全電源喪失によってこの冷却系の機能が失われたために発生しました。さらに最後の安全装置として事故が手に負えなくなった際に、格納容器に溜まった放射性物質を含む高温高圧のガス（蒸気）を人為的に環境に放出する装置―ベントシステムが付いています。

② 地震発生から津波到来まで

　事故当日、地震の揺れを感知して運転中のすべての原子炉（1、2、3号機）の制御棒が自動的に挿入され（スクラム）、核分裂反応が止まりました。引き続いてメインのタービン発電機への蒸気供給が遮断され、発電も止まりました。激しい地震の揺れは発電所内外の施設や建物に深刻なダメージを与えましたが、とくに安全維持に直接影響があったのは、発電所を外部とむすぶ送電線鉄塔が倒れ、発電所への外部からの電気の供給が止まったことです(外部電源喪失)。

　原子炉の中で核分裂反応が止まっても熱は発生し続けます（放出される放射線が熱に変わるためで、これを「崩壊熱」といいます。崩壊熱は次第に減少しますが、停止1日後でも1～2万kWと膨大な量です）。崩壊熱を除去しなければ炉心は高温になり融けてしまうので、すべての号機で、非常用ディーゼル発電機がすぐ自動的に立ち上がり、供給される電気を用いて、原子炉を冷却しはじめました。

③ 津波到来で全電源喪失

　地震より40分ほど遅れて津波が到達し、海岸に並んでいた非常用ディーゼル発電機の冷却用海水ポンプが浸水。また原子炉建屋、タービン建屋にも海水が浸入、タービン建屋地下の非常用ディーゼル発電機を含む電気系統が被水して、結局、非常用電源からの電気も止まりました。これを「全電源喪失」（ステー

ション・ブラックアウト）といいます。

「発電所の停電」とは皮肉な表現ですが、上述のように崩壊熱の冷却のためにどうしても最低限の電気が必要な原子力発電所にとっては、いわば「死に至る病」といってよく、この停電によって冷却という最も重要な安全機能を失った原発を前にして、以降、運転員もほとんど手の施しようがなく、繰り返す余震のなかで文字通り必死に対応に当たったその努力も空しく、原発の最期である炉心溶融を迎えることになります。

しかし、原発はまだ生き延びようとします。原子炉には、電源不要の冷却装置（緊急炉心冷却系、ECCS）があります。軽水炉の歴史の中できわめて初期に設計された1号炉には非常用復水器（IC）と呼ぶ、蒸気を取り出し冷却・凝縮させる装置が、また2、3号機には原子炉隔離時冷却系（RCIC）および高圧注水系（HPCI）と呼ぶ、圧力容器からの蒸気で専用の小型タービンを動かし、ポンプを駆動して冷却水を循環させる装置が付いていました。

しかしながら、これらの装置も次第に停止して炉心の冷却ができなくなっていくのですが、その原因は必ずしもすべてが明らかではありません（IC については弁の開閉が適切でなかったため、RCIC については直流電源が失われたためなどと推測されています）。ここではその詳細に立ち入ることは避けますが、最後の頼みの綱である緊急炉心冷却系も、緊急時にきわめてぜい弱であったことが明らかになりました。

崩壊熱のため炉内（圧力容器内）の温度、圧力は上昇します。これ以降は、すべての冷却機能を失った原子炉が破滅へと突き進む「死のコース」の始まりです。運転員は消防車のホースを原子炉の配管につなぎこんで、何とか水を中に送り込もうとしました。しかし後で調べてみるとこれらの水は、配管の分岐点から外に流れ出し、ほとんど炉心には届いていないことがわかりました。[*2]

④ 格納容器内圧力の増大とベント

以下、図1を見ながら説明しましょう。炉内の圧力が上がると、炉内の蒸気は逃がし安全弁を通じて圧力抑制室内に吹き出します。抑制室の役割は蒸気がそこで凝縮し、格納容器内の圧力が過剰に上がることを防ぐことです。しかし、何度も高温の蒸気が抑制室に噴き出すと、抑制室の水の温度が上がり、もはや

抑制室は凝縮の機能を失います。その結果抑制室、ひいては格納容器全体の圧力が上昇します。

　また、1号機のように圧力容器の蓋のシールが破損してそこから直接噴き出す蒸気もあり、格納容器内の圧力は限界に近づきます。運転員は格納容器の破損を避けるため、人為的に弁を開いて放射能を含んだガスを環境に放出することを試みます。これがベントです。

　福島第一原発事故以前の日本の安全指針ではシビアアクシデントは起きないとしていたため、ベント弁の開閉操作の訓練などは行っておらず、運転員は弁を開けるために四苦八苦し、さらに、はたして弁が開いたかどうかも不明という事態も起きています。福島第一原発事故の時点ではベントシステムにフィルターはついておらず（これを耐圧強化ベントと呼ぶ）、ベント操作によって大量の放射性物質が直接環境に放出されました。

　炉心温度が上昇を続け1200℃以上になると、燃料被覆管のジルコニウムが水と反応し、大量の水素ガスが発生します。水素は酸素とのある混合濃度で強力な爆発（爆轟）を起こします。ＴＭＩ事故の教訓として、ＢＷＲの格納容器には水素爆発防止のために窒素ガスが充填されており、一応、安全対策が取られていました。しかし、水素ガスは格納容器から漏れ出して原子炉建屋に溜まり、爆発によって原子炉建屋（1、3、4号機）が大きく破壊され、そのたびに大量の放射能が環境に放出されました。運転していない4号機建屋でも水素爆発が起きた原因は、隣の3号機からのリークであることが、後の調査で明らかになっています。[*3] 2号機は「ブロウアウトパネル」と呼ぶ蓋が脱落して出現した原子炉建屋の穴から水素が外部に漏れ出したため、爆発しませんでした。

⑤ 炉心溶融

　圧力容器内の水位が下がり炉心が露出すると、炉心温度は2000℃近くになり、やがて炉心溶融がはじまります。事態の進行は1号機が一番早く、事故発生の11日18時頃には露出・損傷がはじまり、翌12日19時頃には溶融炉心の熱で圧力容器の底が抜けて（メルトスルー）、格納容器下部に落下したと推定されています。[*2] 3号機の炉心は13日の朝、溶融開始。2号機はきわめてゆっくり事態が進行し、14日19時頃から炉心損傷・溶融が始まり、15日午後にメル

トスルーが発生したと推定されています。

　このような過程を経て、時間的経過の差はあっても、すべての号機で最終的には炉心溶融が起き、メルトスルーに至りました。時間の違いは電源不要の冷却系（緊急炉心冷却系）がいつまで働いていたかによるものです。重要なことは事故の進行の中で、原子炉内の水位を測る水位計が機能を失い、運転員は原子炉の水位を知ることができず、3号機が最初にメルトダウンすると思い込んでいた点です。このように計器類が動かず、このため正確な情報を得られなかったことも、事故対応を極めて困難にしました。

　以降の経過は省略しますが、運転員がベントを行うたびに、また水素爆発のたびに大量の放射性物質が環境にばらまかれていきました。いったん事故が発生して、人間のコントロールが失われると、事故は自然の法則に従って進行します。

2. 事故調査報告と未解明問題

　事故の直後、政府事故調報告書、国会事故調報告書、民間事故調報告書、東京電力事故調報告書などの一連の報告書が出されました。その中では、電源喪失でデータが失われ、事故の経過などで不明な点が多いことが指摘されています。この不明な点を解明しようと行われた調査は2つあります。

　1つは東京電力による「未確認・未解明事項の調査・検討結果報告書」（最終2017年）にまとめられている調査で、いま1つは原子力規制委員会（以下、規制委員会）による「事故の分析に係る検討会」（2013〜2014年、2019〜2020年）です。これらの調査の中で重要と思われるものを挙げてみましょう。

　東京電力の検討では、「事故の最中、消防車のホースを原子炉の配管につなぎこんで、炉心への注水を試みたが、この水は配管の分岐点から外へ流出してほとんど炉心へは届いていなかった」事実が明らかになりました[*2]。これはきわめて重要なことです。

　規制委員会の事故分析検討会の報告書では、政府事故調や国会事故調が疑問として提出した問題点について、現地調査を行いながら検討しています。政府事故調が事故の経過や原因についてオーソドックスといってもよい見解を示しているのに対して、国会事故調は「このようなことが起きた可能性があるので

はないか」とかなり踏み込んで疑問を呈しています。例えば、「津波がきて全電源喪失が起きる前に、激しい地震動によって配管などの一部が破損してそこから冷却水が漏れ、炉心露出へと向かったのではないか」という提起に対して、規制委員会は、格納容器内のドレンサンプ（床の排水タンク）の水位を検討して、そのような可能性はなかったと結論づけています。

　また、国会事故調は、「3号機使用済み燃料プール付近から白煙があがったが、これは貯蔵していた使用済み燃料が1か所に集まって発熱や臨界を起こした可能性がある」と指摘していました。規制委員会は、当時の写真から白煙が上がったのはプールから離れた場所であること、プール内の燃料に大きな損傷はなく、また解析の結果、臨界条件にはならず、臨界は起きていないと結論づけています（実は、米国などでは燃料貯蔵プールでの臨界発生が大変心配されていました）。

　さらに、運転していなかった4号機建屋の水素爆発について、国会事故調は、4号機使用済み燃料プールでの水の放射線分解によって発生した水素ではないかという説を提起しましたが、規制委員会の調査では、これを明確に否定して、建物でつながっている3号機で発生した水素が、ベントの際に非常用ガス処理配管を経由して、4号機建屋へ流入、爆発したと述べています。

　2019年に入ってから開催された「事故の分析に係る検討会」で、集中的に検討されたのはベント関連の問題です。それは、1、2号機共通の排気筒の基部に7〜13テラベクレル（TBq、テラは 10^{12}）ときわめて高い放射能が検出されたからです。なぜそのような所に大量の放射性物質が蓄積するのか、その理由が不明だとしています。これは要するに、ベントの際の放射性ガスの挙動が全くわかっていないからにほかなりません。[*3]

3. 実証されたBWRの設計上の欠陥

　ゼネラルエレクトリック社がBWRを製造し、この炉の売り込みを開始した初期の頃には、圧力抑制室の複雑な挙動に関して、ほとんど理解されていませんでした。[*4]ある意味では、福島第一原発事故によってはじめて、圧力抑制室に蒸気が吹き込まれ続けると、その役割を果たせなくなり、格納容器破損の危機が起きることが実証されたといえます。いい換えると、「コンパクトな格納容

器とそれを補うための圧力抑制室」というのがBWRの基本的な安全コンセプトですが、このコンセプトが、シビアアクシデントに際してはまったく役に立たず、かえってアキレス腱となって破局を速めたことが福島第一原発事故で明らかになりました。

　このことを考えると、規制委員会はこのようなコンセプト持つBWRの設計そのものの可否を問うべきであり、単にシビアアクシデント対策として、フィルターベントと代替循環冷却系を付加した（第3章第1節参照）だけで再稼働を許可した同委員会の態度は、これまでの悪しき開発の遺産を追認するもので、認めるわけにはいきません。それは彼らが掲げている「独立性、中立性、専門性」のスローガンにももとるものです。これらの問題については、第3章第1節でもう少し詳しく述べようと思います。

（舘野　淳）

参考文献

＊1　以下、事故経緯の記述はおもに政府事故調『中間報告書』（2011年）による。

＊2　東京電力「福島第一原子力発電所1〜3号機の炉心・格納容器の状態の推定と未解明問題に関する検討第5回進捗報告」（2017年）

＊3　原子力規制委員会「事故の分析に係る検討会」第4回議事録（2013年）

＊4　David Lochbaum *et al.* "Fukushima: The Story of a Nuclear Disaster", The New Press（2014）

第2節

どの放射性核種がどれだけ放出されたか

1. 福島原発事故とチェルノブイリ事故、広島原爆との違い

① 某看板司会者の疑問

「原爆投下直後の広島では100年間草木は生えない、人も住めないといわれたが、すぐに草木は生え、人が住み始め、今日のように繁栄していますね。ところがチェルノブイリでは、事故後25年経っても人が住めない地域があるっていうじゃないですか。同じウランの核分裂なんですよね。この違いはいったい何ですか」

　これは福島第一原発事故直後の2011年5月、ＴＢＳテレビ「みのもんたの朝ズバッ！」に出演した時に、総合司会のみのさんが私にした質問です。ずっと疑問に思っていたのだそうです。突然の質問に驚きましたが、良い質問をする人だなと思いました。ＴＶカメラの回っていない休憩時間中だったことが惜しまれます。

　私は理由を2つ述べました。1つは、核分裂するウラン235（U-235）の重量の違いです。広島原爆の爆発威力は化学爆薬トリニトロトルエン（ＴＮＴ）換算で約16キロトン（1万6000t）、およそ900gのU-235が核分裂したことに相当します。実は30年以上前の私の研究論文の1つに、日本保健物理学会発行の『保健物理』誌に掲載された「広島原爆の爆発威力の評価」[*1]があります。そうした関係で私は、広島原爆では約900gのU-235が核分裂したことを知っていました。

　一方、1986年4月に事故を起こしたチェルノブイリ原発4号機の電気出力は100万キロワット（kW）で、実質的に半年間運転後に事故を起こしました。

電気出力 100 万 kW の原子炉では 1 日当たり約 3.4kg の U-235 が核分裂しています。これは「放射化学」の講義の中で、私が学生に毎年紹介している事柄でした。半年間運転すると、核分裂した U-235 の総重量は 600kg 超になります。結果として、発電炉は原爆と比べて核分裂する U-235 の重量がはるかに多いため、生成する核分裂生成物などの放射性核種の放射能も原爆よりはるかに多くなります。

② 今もチェルノブイリ原発周辺で人が住めない理由

　もう 1 つは、核分裂連鎖反応の持続時間の違いです。原爆が核分裂連鎖反応をおこなっている時間は 100 万分の 1 秒以下、1000 万分の 1 秒の桁といわれています。一方、原子炉が核分裂連鎖反応をおこなっている時間は「運転時間」と呼ばれ、発電炉なら通常は「月」または「年」の桁です。そのため、原子炉では長半減期の放射性核種の占める放射能割合が原爆よりはるかに多くなります。これが質問に対する私の回答でした。ただ、2 つめの理由はこれだけでは分かりにくいと思いますので、説明を少し追加します。

　核分裂の過程で最初に生成される核分裂生成物を「核分裂片」といいます。例えば質量数が 137 なら、核分裂片はインジウム 137（In-137、半減期 0.0122 秒）です。In-137 は放射性壊変を繰り返し、スズ 137（Sn-137、同 0.190 秒）→アンチモン 137（Sb-137、同 0.450 秒）→テルル 137（Te-137、同 2.49 秒）→ヨウ素 137（I-137、同 24.5 秒）→キセノン 137（Xe-137、同 3.818 分）→セシウム 137（Cs-137、同 30.08 年）と変化して、最後は安定核種のバリウム 137（Ba-137）になります。以上の事柄を前提に説明します。

　原爆の場合、爆発の瞬間に生成する核分裂片は短半減期の放射性核種で、やがてより半減期の長い放射性核種に壊変します。一方、原子炉の場合、これらの長半減期の放射性核種は運転時間のあいだ、短半減期の放射性核種の壊変の結果として生成し続け、蓄積されます。その結果、長半減期の核分裂生成物（例えば Cs-137）の放射能割合は、原爆よりも原子炉の方がはるかに多くなるのです。それゆえ、原子炉の放射能の全体的な減少速度は原爆の放射能より非常にゆっくりしたものとなります。

　これがチェルノブイリ原発の周辺地域で事故後 25 年（2021 年現在なら事故後

35年）経っても人が住めない地域が存在する理由です。生成する放射性核種の放射能に限れば、原発事故で大量の核分裂生成物などが環境に放出されると、放射能汚染は長期間にわたって続き、原爆よりもはるかに厄介なものになります。

③ 広島原爆の170倍の放射能？

　その意味では、原発事故と原爆を放出放射能で単純に比較することは不適切です。2011年8月、旧原子力安全・保安院は「東京電力株式会社福島第一原子力発電所及び広島に投下された原子爆弾から放出された放射性物質に関する試算値について」を公表しました[*2]。川内博史・衆議院科学技術・イノベーション推進特別委員会委員長（当時）から提出を求められたため、それぞれ放射性核種ごとの放射能量を試算したものです。

　資料を見ると、保安院は原発事故と原爆を放出放射能量で比較することの不適切さを理解しており、「人体、環境に影響を与える仕組みや態様の異なるものを、放射性物質の放出量で単純に比較することは、合理的ではない」と明記しています[*2]。それなら保安院はこの資料を公表すべきではなく、むしろ合理的でないと考える理由を川内委員長に丁寧に説明すべきだったのではないでしょうか。

　資料によれば、福島第一原発事故では例えばCs-137なら広島原爆の170倍、ストロンチウム90（Sr-90）なら同2.5倍、ジルコニウム95（Zr-95）なら同0.0012倍、ルテニウム106（Ru-106）なら同0.000019倍と、どの放射性核種を選ぶかにより何倍にでも変わります。当時、この資料を基に不心得な一部の研究者やメディアがCs-137の値を利用して、「福島第一原発事故では広島原爆の170倍の放射能が放出された」などと煽っていましたが、不誠実極まりない言動です。

　高度3万m以下での空中爆発の場合、原爆の爆発威力の50％は爆風、35％は熱線、10％は残留放射線、5％は初期放射線に配分されます[*3]。全エネルギーの10％にすぎない残留放射線の中から1つの放射性核種を恣意的に選び出し、原発事故の放出放射能と比較することは、原爆の危険性を軽視し、原発事故の危険性を煽ることにつながります。広島原爆といえば、多くの人びとは1945年末までに14万人が亡くなり、広島市が壊滅状態になったことを連想するこ

とでしょう。「広島原爆の 170 倍」などという表現は、多くの人びとに大きな誤解を与えるものでしかありません。

2．環境に放出された放射性核種の種類と放射能

①「UNSCEAR 2013 年報告書」

福島第一原発事故により環境に放出された主な放射性核種は、放射性希ガス（Xe-133 など）、放射性ヨウ素（I-131 など）、放射性セシウム（Cs-134 と Cs-137）、放射性テルル（Te-132 など）です。2014 年 4 月に発表された「原子放射線の影響に関する国連科学委員会」（UNSCEAR）の 2013 年報告書は、信頼性の高い 16 機関・研究グループによる放出放射能の推定値をとりまとめています。事故直後の初期被曝で問題となる I-131 と長期にわたって問題となる Cs-137 の推定結果を表 1 に示しました。[*4]

表 1　福島第一原発事故による環境への放出放射能量[*4]（PBq）

	緊急停止時の原子炉内放射能量	大気放出量	海洋放出量	
			直接的	間接的
ヨウ素 131	6,000	100 〜 500	約 10 〜 20	60 〜 100
セシウム 137	700	6 〜 20	3 〜 6	5 〜 8

大気放出量は、I-131 が 100 〜 500 ペタベクレル（PBq、1 PBq = 10^{15} Bq）、Cs-137 が 6 〜 20PBq と推定されています。これは 1 〜 3 号機の緊急停止時における原子炉内放射能量の、I-131 は 2 〜 8 ％、Cs-137 は 1 〜 3 ％に相当します。チェルノブイリ原発事故の大気放出量と比較すると、I-131 は 10 分の 1、Cs-137 は 5 分の 1 と推定されています。また、大気放出量の大部分は、2011 年 3 月末か 4 月初めまでに放出されたと推定されています。

海洋への直接的放出量は I-131 が 10 〜 20PBq、Cs-137 が 3 〜 6 PBq、間接的放出量は I-131 が 60 〜 100PBq、Cs-137 が 5 〜 8 PBq と推定されています。「海洋への間接的放出」とは、大気放出された後に海洋に降下したものを意味します。大気放出量と海洋への間接的放出量の関係は最小値と最大値の範囲しか示されていない表 1 からは分かりかねますが、事故当時の強い偏西風によ

り、大気放出された放射性核種の 70 ～ 80％は海側（太平洋）に、20 ～ 30％が
陸側に運ばれたと推定されています。[*5]陸側に運ばれた放射性核種は降雨により
陸上に降下・沈着しました。これが事故直後から現在まで続く陸上の放射能汚
染の高低の源泉です。

② INES は「レベル７」が上限

　原子力施設や放射線施設の事故を格付けする世界共通のものさしである「国
際原子力・放射線事象評価尺度」（INES）をご存知でしょうか。INES は生じ
た被害の大きさに応じて事故を「レベル０」（安全上重要ではない事象）から「レ
ベル７」（深刻な事故）までの８段階に分類します。これまでに上限の「レベル
７」に分類された事故は、福島第一原発事故とチェルノブイリ原発事故だけで
す。それなら同じ「レベル７」の事故だから同じ規模の事故と考えることがで
きるかといえば、必ずしもそうではありません。INES によれば、環境への放
射性核種の放出量が I-131 等価量換算で数十 PBq を超えると、すべて「レベル
７」となります。[*6]「レベル７」が上限だからです。これが INES の１つの盲点
です。
　両事故の比較の意味で、福島第一原発事故とチェルノブイリ原発事故の大気
放出量を表２に示しました。表２から、放射性希ガスの Xe-133 大気放出量は、
福島第一原発事故がチェルノブイリ原発事故より 1.7 倍多かったことが分かり
ます。揮発性の I-131 大気放出量は福島第一原発事故がチェルノブイリ原発事
故の 11 分の１、Cs-137 大気放出量はチェルノブイリ原発事故の 5.7 分の１と
少なかったことが分かります。これも前述した「UNSCEAR 2013 年報告書」
の値とほぼ一致します。揮発性と不揮発性の中間の Sr-90 や Ba-140 の大気放
出量は、福島第一原発事故がチェルノブイリ原発事故のおよそ 70 分の１でし
た。不揮発性の放射性核種の大気放出量は、福島第一原発事故がチェルノブイ
リ事故のおおむね数千分の１以下でした。

表2　福島第一原発事故とチェルノブイリ原発事故の大気放出量の比較 (PBq)

放射性核種	半減期	チェ事故[*7]	福島事故[*8]	チェ事故/福島事故の比
放射性希ガス（不活性気体）				
キセノン 133（Xe-133）	5.2475 日	6,500	11,000	0.59
揮発性元素				
テルル 129m（Te-129m）	33.6 日	240	3.3	73
テルル 132（Te-132）	3.204 日	約 1,150	88	約 13
ヨウ素 131（I-131）	8.0252 日	約 1,760	160	約 11
セシウム 134（Cs-134）	2.0652 年	約 47	18	約 2.6
セシウム 137（Cs-137）	30.08 年	約 85	15	約 5.7
揮発性と不揮発性の中間の元素				
ストロンチウム 89（Sr-89）	50.563 日	約 115	2.0	約 58
ストロンチウム 90（Sr-90）	28.79 年	約 10	0.14	約 71
ルテニウム 106（Ru-106）	371.8 日	73 以上	0.0000021	3.5×10^7 以上
バリウム 140（Ba-140）	12.7527 日	240	3.2	75
不揮発性元素（燃料粒子を含む）				
ジルコニウム 95（Zr-95）	64.032 日	84	0.017	4.9×10^3
モリブデン 99（Mo-99）	65.976 時間	72 以上	0.0000067	1.1×10^8 以上
セリウム 141（Ce-141）	32.511 日	84	0.018	4.7×10^3
ネプツニウム 239（Np-239）	2.356 日	400	0.076	5.3×10^3
プルトニウム 239（Pu-239）	24,110 年	0.013	0.0000032	4.1×10^3
プルトニウム 240（Pu-240）	6561 年	0.018	0.0000032	5.6×10^3
プルトニウム 241（Pu-241）	14.329 年	約 2.6	0.0012	約 2.2×10^3

③ 格納容器がなく炉心も破壊されたチェルノブイリ原発事故

　チェルノブイリ原発はそもそも格納容器がなく、事故炉は水蒸気爆発と黒鉛火災により炉心が大きく破壊されました。そのため漏出しやすい放射性希ガスや揮発性の放射性核種はもとより、本来なら漏出しにくい揮発性と不揮発性の中間の放射性核種や不揮発性の放射性核種が、原子炉内の数％も環境に放出されました。

　一方、福島第一原発事故では、溶融した燃料が圧力容器底部を貫通して格納容器の底部に漏出し、放射性希ガスと揮発性の放射性核種は1号機と3号機で

は主に格納容器ベントおよび水素爆発した原子炉建屋の損傷個所から環境に放出されました。2号機ではベントに失敗し、水素爆発により生じた圧力抑制室の損傷個所から環境に放出されました。それゆえ、INESで同じ「レベル7」であるとはいえ、大気放出された放射性核種の種類と放射能量は、福島第一原発事故とチェルノブイリ原発事故でかなり異なります。

④ 福島第一原発事故では内部被曝は外部被曝より低かった

結果として、福島第一原発事故とチェルノブイリ原発事故では汚染地域の区分の仕方も異なります。福島事故では放射性セシウムによる外部線量により、例えば避難指示区域を帰還困難区域、居住制限区域、避難指示解除準備区域と区分しました。チェルノブイリ原発事故では放射性セシウムによる外部線量に基づく区分に加え、表層土壌への沈着量（kBq/m³）に基づき汚染地域を区分しています。[*9] しかも、沈着量で考慮する放射性核種はCs-137、Sr-90およびプルトニウム238（Pu-238）・プルトニウム239＋240（Pu-239 + 240）の三本立てです。[*9] 表層土壌への沈着量による区分は、そこで生育する農作物や舞い上がる粉塵を摂取することに伴う内部被曝を考慮しているからです。

内部被曝が外部被曝よりはるかに低かった福島第一原発事故と異なり、チェルノブイリ原発事故ではCs-137、Sr-90およびPu-238・Pu-239＋240による内部被曝が無視できず、汚染地域の区分として考慮せざるを得なかった結果といえます。

⑤ 放射性核種の海洋への直接的放出

チェルノブイリ原発事故と異なる福島第一原発事故のもう1つの特徴は、放射性核種の海洋への直接的放出があったことです。事故直後の2011年4～5月、確認されているだけでも計770tの高濃度汚染水が海洋に放出されました。[*10] 大気放出の場合、放射性核種が揮発性か否かにより放出量は大きく異なります。海洋への直接的放出の場合は、放射性核種が水溶性か否かにより放出量は大きく異なります。核燃料中のウランやプルトニウムの酸化物は不溶性のため、海洋に直接的に放出された量はごくわずかでした。海洋に直接的に放出

された主な放射性核種は、水溶性の Cs-137、Cs-134 および I-131 です。

　大気放出では問題にならなかった Sr-90 も水溶性であり無視できない可能性があったのですが、これまでに水産庁により発表されている福島県沖の魚介類の Sr-90 濃度を見る限り[*11]、最大値は 1.2Bq/kg（2011 年 12 月 21 日に採取されたシロメバルで、骨を含む魚体丸ごとの濃度）に過ぎません。この魚からは半減期 50.563 日の Sr-89 も 0.45Bq/kg 検出されており、福島事故由来であることは明らかです。しかし、大部分の魚介類は検出下限未満または検出されても福島事故以前の Sr-90 濃度とほぼ同等であることから、内部被曝源としては無視できます[*12]。

3．線量率は 3 年後に半分、10 年後に 4 分の 1 以下

　各種の環境試料の放射能分析結果から、福島第一原発事故で大気放出された Cs-134 と Cs-137 の放射能割合はほぼ 1：1 であることが分かっています。これらの放射性種種により表層土壌が広範囲に汚染された場合、その線量率割合はほぼ 2.7：1 になります。放射性壊変による放射能の減少のみを考慮した場合、事故後 20 年間の放射性セシウムによる空間線量率の推移は図 1 のごとくになります。

　線量率は 3 年後に 52％、6 年後に 33％、10 年後に 24％に低減します。10 年後以降は低減が緩慢になり、20 年後に 17％に低減します。なお、I-131 は初期被曝源として重要（実際には事故後およそ 40 日間まで）ですが、I-131 の半減期の約 20 倍に相当する 160 日後には 100 万分の 1 に減衰します。「年」の桁での長期的な空間線量率の推移を見るため、ここでは I-131 を除外しています。

　2011 年 6 月初め、福島県本宮市で開催された私の講演会後の質疑応答の中で、1 人の女性が質問しました。「放射性セシウムで汚染されているんでしょう。半減期は 30 年ですよね。ということは 30 年経っても半分は残っているじゃないですか。私たち、もう諦めてますよ」と。この発言に驚いた私が講演会後に直ちに作成したのが図 1 です。

　当時、政府の説明が不十分きわまりなかったため、多くの住民は大気放出された放射性セシウムは Cs-137 だと思い込んでいました。その後、この図は幸いにも福島民友新聞に掲載され[*13]、多くの県民の知るところとなりました。ま

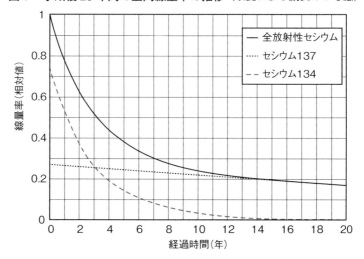

図1　事故後20年間の空間線量率の推移（壊変による減衰のみ考慮）

だ作成してなかったとはいえ、図1の概略は当時の私の頭の中にありました。

　私は女性の質問に対し、「事故で空気中に放出された放射性セシウムはCs-134とCs-137で、放射能割合はほぼ1：1ですが、Cs-134の方がCs-137より放射線を多く放出するため、線量率割合はほぼ2.7：1になります。Cs-137の半減期は30年ですが、Cs-134の半減期は2年です。放射性セシウムの線量率は30年で半分に減るのではなく3年で半分に減ります。これに風雨などで流出する効果が加わるため、実際はもっと早く減ります。除染をすれば、さらに早く減ります。諦めている場合ではなく、しっかり除染することがとても大切ですよ」と回答したのを今でもはっきり覚えています。それほどこの質問は私にとって衝撃的なものでした。

　政府が図1とほぼ同様の図を公表したのは、福島民友新聞の掲載から2か月後のことでした。*14　未曽有の原発事故に対する対応で県民への説明まで十分に手が回らなかったと推察しますが、講ずべき有効な手立てがあるにもかかわらず、「私たち、もう諦めてますよ」と住民を絶望させるような状況を招くのはもってのほかです。事故による放射能汚染の状況を県民に正確・迅速に伝える点において、当時の政府の対応に手抜かりがあったことは否定できません。

　チェルノブイリ原発事故と異なり福島第一原発事故では、長期間にわたって

外部被曝源となる長半減期の放射性核種は Cs-134 と Cs-137 に限られます。不謹慎だとの批判を恐れずに言えば、これは不幸中の幸いでした。図 1 から分かるように、事故当初は放射性セシウムの 73％を占めた Cs-134 の線量率は、10 年後に 10.6％にまで劇的に減少します。何にも増して今後は、Cs-137 による被曝低減対策が中心になります。

　2020 年 2 月、原子力規制委員会は福島第一原発から 80km 圏内の航空機モニタリングの最新の測定結果を発表しました。*15 発表資料には、地上 1 m の高さにおける空間線量率マップの推移も載っています。事故の 1 か月後、7 か月後、15 か月後、20 か月後、30 か月後、42 か月後、54 か月後、67 か月後、78 か月後、91 か月後、102 か月後（2019 年 9 月 18 日）のマップです。カラーマップのため本書に掲載できませんでしたが、関心のある読者は、ぜひ参考文献＊ 15 を参照してください。

（野口 邦和）

参考文献

＊ 1　野口邦和、安斎育郎「保健物理」21 巻 2 号、pp.67-74（1986）

＊ 2　原子力安全・保安院「東京電力株式会社福島第一原子力発電所及び広島に投下された原子爆弾から放出された放射性物質に関する試算値について」、2011 年 8 月 26 日

＊ 3　国連事務総長報告『核兵器の包括的研究』服部学監訳、p.69, 連合出版（1982）

＊ 4　UNSCEAR「UNSCEAR 2013 報告書（和訳）」第 1 巻 科学的附属書 A、p.20（2014）

＊ 5　YOSHIDA N, KANDA J，SCIENCE，Vol.336，pp.1115-1116（2012）

＊ 6　IAEA「INES User 's Manual 2008 Edition」，p.28（2009）

＊ 7　UNSCEAR「UNSCEAR 2008 年報告書（日本語版）」第 2 巻 影響、科学的附属書 D、p.49（2013）

＊ 8　原子力災害対策本部「原子力安全に関する IAEA 閣僚会議に対する日本国政府の報告書—東京電力福島原子力発電所の事故について—」添付Ⅳ-2、2011 年 6 月

＊ 9　ベラルーシ共和国非常事態省 チェルノブイリ原発事故被害対策局編、日本ベラルーシ友好協会監訳『チェルノブイリ原発事故 ベラルーシ政府報告書（最

新版)』、pp.45−47（2013）

＊10 原子力災害対策本部「原子力安全に関する IAEA 閣僚会議に対する日本国政府の報告書─東京電力福島原子力発電所の事故について─」添付資料編 添付 Ⅵ−2、添付Ⅵ−3（2011）

＊11 水産庁ホームページ、【平成 23−令和元年度】水産物の放射性物質の調査結果（ストロンチウム）（2020 年 6 月 29 日更新）

＊12 原子力規制庁、環境放射線データーベース
https://search.kankyo-hoshano.go.jp/servlet/search.top（参照 2020-09-21）

＊13 福島民友新聞、2011 年 6 月 25 日付け

＊14 原子力災害対策本部「推定年間被ばく線量の推移」第 19 回原子力災害対策本部配布資料（2011 年 8 月 26 日）

＊15 原子力規制委員会「福島県及びその近隣県における航空機モニタリングの測定結果について」（2020 年 2 月 13 日）

第3節

福島県民の外部被曝と内部被曝の状況

◆———————————————————————————◆

　「UNSCEAR 2008 年報告書」によれば、チェルノブイリ原発事故に起因する周辺住民（ベラルーシ、ロシア連邦〔被害を受けたと見られる 19 地域〕およびウクライナ）の内部被曝による実効線量は、全実効線量（内部線量と外部線量の合計）のおよそ 20 〜 30％を占めています[*1]。この割合は事故の起こった 1986 年、あるいは 1986 〜 2005 年までの事故後 20 年間においても、ほとんど同じです[*1]。

　一方、本節で紹介するように、福島第一原発事故に起因する県民の内部被曝による実効線量は、事故当初から今日まで一貫して全実効線量の 1/1000 〜 1/100 のレベルにあります。福島第一原発事故当初、一部の人びとから「内部被曝は危ない」「最大の脅威は内部被曝」などと盛んに吹聴されましたが、事故後 10 年間の実測データは福島事故では内部被曝は問題にならず、外部線量の低減化対策こそが重要課題であることを示しています。

1. 県民の外部被曝

① 事故後 4 か月間の県民の外部線量の推定

　空間線量率が最も高かった事故後 4 か月間（2011 年 3 月 11 日〜 7 月 11 日）の外部被曝による実効線量は、問診票を基にいつ、どこにいたかという当時の福島県民の行動記録から、放射線医学総合研究所（放医研）が開発した外部被曝線量評価システム[*2]により推計されています[*3]。

　この線量評価システムの推計精度は不明ですが、安全を期して過大に評価されるようになっているといいます。何事においても線量を正確に評価することは重要ですが、不確定要因がある場合は、線量が過大評価されるよう当該不確

定要因について対応することが放射線防護の哲学(基本的考え)になっています。

外部被曝線量評価システムの構築において、放医研は放射線防護の哲学を貫徹させたのだと思います。2020年3月末現在、205.5万人の対象者のうち56.9万人が問診票に回答（回答率27.7％）しています。推計期間が4か月未満の者を除くと47.6万人になります。回答率は外部線量が高いと予想される相双46.1％、県北30.2％では高く、外部線量が低いと予想される南会津20.9％、会津21.8％、県南23.4％では低い傾向にあります。

表1　事故後4か月間の福島県民の地区別外部線量（実効線量）の推計値

	県 北	県 中	県 南	会 津	南会津	相 双	いわき
人口計	125,067	113,618	29,870	46,391	5,016	72,266	74,139
最高値（mSv）	11	10	2.6	6.0	1.9	25	5.9
平均値（mSv）	1.4	1.0	0.6	0.2	0.1	0.8	0.3
中央値（mSv）	1.4	0.9	0.5	0.2	0.1	0.5	0.3

表1は、上記47.6万人のうち放射線業務従事経験者を除く46.6万人の推計結果を地域別に整理したものです。紙幅の制約から最高値、平均値、中央値のみを示しましたが、参考文献＊3には、地域別・線量別、年齢別・線量別および男女別・線量別の人口分布などもそれぞれ示されています。最高値が最も高かったのは相双の1人で25ミリシーベルト（mSv）、最も低かったのは南会津の1人で1.9mSvでした。平均値と中央値が最も高かったのは県北でともに1.4mSv、最も低かったのは南会津でともに0.1mSvでした。県民全体の線量分布は、1mSv未満が62.2％、2mSv未満が93.8％、3mSv未満が99.4％、4mSv未満が99.7％、5mSv未満が99.8％でした。

② 事故後4か月間以降の県民の外部線量の推定

事故後4か月間以降の外部線量の把握については、各市町村が任意に行っており、結果は当該市町村のホームページや広報誌に掲載されています。表1の中で平均値、中央値ともに最も高かった県北地域から、私が事故当初より放射線健康リスク管理アドバイザーを務める本宮市の外部線量の実測データを紹介

します。

　2011年9月からガラスバッジ（蛍光ガラス線量計と呼ばれる個人線量計の一種で、1μSv〜30Svまでの広範囲の測定が可能な実績のある優れた線量計）を用いて、測定を希望する0〜15歳までの子どもと妊婦を対象（総数のおよそ95％は子ども）に、9〜11月、12〜2月、6〜8月の各3か月間、年9か月間の測定をしてきました。3〜5月期は卒園・卒業、入園・入学の時期に相当し、3か月間の測定を継続することが難しいため除外しました。外部線量が大きく変化しなくなった2018年度以降は年1回、6〜8月の3か月間の測定をしています。なお、ガラスバッジが測定しているのは個人線量当量（1cm線量当量）で、これは実効線量の値に近く、実用上代用し得る量（実用量）であると考えられています。

　図1は、2018年9〜11月までの各3か月間の平均値と最高値を示したものです。重要なのは2000〜4700人分の測定結果である平均値です。最高値は1人に限られ、測定の度に人も異なるため、参考として見てください。平均値は、測定を開始した2011年9〜11月が0.42mSv、3年後の2014年9〜11月は0.11mSv、6年後の2017年9〜11月は0.05mSvに下がっています。測定開始時の0.42mSvと比較すると、3年間で26％、6年間で12％に減少したことになります。単純に放射性壊変に伴う減少だけを考慮すると、3年間で52％、6年間で33％に減少します（38ページの図1参照）。

　これをはるかに上回る速さで減少しているのは、風雨による流出効果（ウェザリング効果）と除染の成果によるものと考えられます。なぜなら外部線量の原因となる汚染された地表面から放射される外部放射線を減少させる要因は、①汚染源である放射性核種の放射能の減衰、②ウェザリング効果、③人為的な放射性物質の除去（除染）以外にないからです。

　図2は、0〜15歳の子どもと妊婦の外部線量の分布を示したものです。すべての測定結果を含めると煩雑になるため、2011〜2017年間の9〜11月の測定結果のみを示しました。測定を開始した2011年には0〜0.24mSv/3か月（年1.0mSv未満相当）の割合は1.4％、0.25〜0.37mSv/3か月（年1.0mSv以上、1.5mSv未満相当。以下、「年○○〜○○mSv」と略す）は19.6％、0.38〜0.49mSv/3か月（年1.5〜2.0mSv）は38.9％で最も多く、0.50〜0.62mSv/3か月（年2.0〜2.5mSv）は23.9％、0.63〜0.74mSv/3か月（年2.5〜3.0mSv）は8.3％、0.75

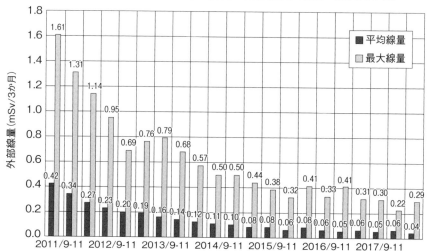

図1　本宮市の15歳以下の子どもと妊婦の外部線量の推移（mSv/3か月）

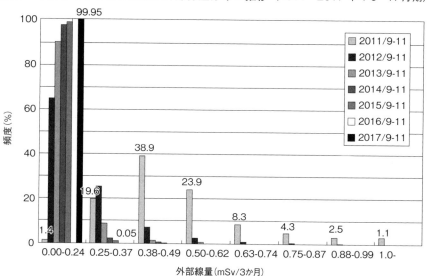

図2　本宮市の子どもと妊婦の外部線量分布の推移（2011〜2017年の9〜11月期）

〜 0.87 mSv/３か月（年3.0〜3.5mSv）は 4.3％、0.88〜0.99mSv/３か月（年 3.5
〜4.0mSv）は 2.5％、1.0mSv/３か月以上（年 4.0mSv 以上相当）は 1.1％でした。
2012 年以降は 0.00〜0.24mSv/３か月の割合が最も多くなりました。しかも、
時間経過に伴って 0〜0.24mSv/３か月の割合は増え続け、2017 年には 99.95％
を占めるまでになりました。また、2017 年には、0.38mSv/３か月以上の割合
は０％でした。

　本宮市の０〜15 歳の子どもと妊婦の外部線量は上記のとおりですが、16 歳
以上の市民についてもほぼ同様の外部線量であると考えています。また、本宮
市と同じ県北地域の他の市町村の外部線量についても、ほぼ同様であると考え
ています。

２．県民の内部線量

　個人線量計を用いて被曝線量を実測できる外部被曝とは異なり、内部被曝で
は被曝線量を実測することはできません。この点が内部被曝評価の厄介なとこ
ろです。それゆえ、内部被曝では食物中の放射能濃度を測定し、経口摂取する
食物の重量と放射能濃度から摂取放射能量を算出して被曝線量を推定します。

　これには陰膳法とマーケット・バスケット法（ＭＢ法）があります。透過力
のあるガンマ線を放出する放射性核種の場合は、陰膳法やＭＢ法に加えて、ホー
ルボディカウンター（ＷＢＣ、全身放射能計測器）を用いて体内に含まれる放射
性核種の放射能量を測定して被曝線量を推定することもできます（ＷＢＣ法）。

① 陰膳法による県民の内部線量の推定

　陰膳法では、検査対象世帯が経口摂取する食事と同じ食事を１食分余分に
作ってもらい、その食事１〜３日分をまとめて放射性核種の放射能分析をおこ
ない、当該世帯が１日に経口摂取する放射性核種の放射能量（Bq）を求めます。
これと同じ食事を１年間毎日経口摂取し続けるものと仮定し、年齢に対応する
実効線量係数（mSv/Bq）を用いて内部線量（正確には預託実効線量）を算出し
ます。

　陰膳法の欠点は、検査日の食事がたまたま日常食とは異なる非常に高い放射

能量であったり、反対に非常に低い放射能量であったりすると、内部線量の評価の信頼性が低くなることです。国、福島県、日本生活協同組合連合会（コープふくしま）、大学の研究グループなどが陰膳法による検査をおこなっていますが、ここでは県の検査結果を紹介します[*4]。

　福島県が検査を始めたのは 2012 年度からで、地域性に偏りがないように世帯を選んでいます。検査人数は年度により異なり、2012 〜 13 年度は 300 人超、2014 〜 16 年度は 100 人超、2017 年度以降は 20 人前後と減少しています。内部線量が外部線量よりはるかに低いレベルにあるため検査人数を減らすのはやむを得ないことでしょうが、一方で検査結果の信頼性を考えると、2017 年度以降の検査人数は少なすぎるのではないかと思います。

　表 2 は、放射性核種の経口摂取による内部線量の最大値を示したものです。放射性セシウム（Cs-134 と Cs-137）に由来する 2012 年度の内部線量の最大値である年 2.1mSv を示した検査対象者は、野生きのこを含む食材を経口摂取していたことが分かっています。括弧内の年 0.12mSv は、この人を除いた場合の最大値を表しています。放射性セシウムに由来する内部線量の最大値は、2012年度の年 0.12mSv（野生きのこを経口摂取していた人を除く）と高く、その後は時間経過に伴ってほぼ減り続け、2017 年度以降は年 0.01mSv 未満で推移しています。

表２　陰膳法による内部線量の最大値（mSv/年）

年度	2019	2018	2017	2016	2015	2014	2013	2012
放射性セシウム（^{134}Cs+^{137}Cs）	0.0021	0.0082	0.0057	0.016	0.023	0.010	0.028	2.1 (0.12)
放射性ストロンチウム（^{90}Sr）	0.00099	0.0028	0.0010	0.0022	0.0015	0.0024	0.0017	0.0012

　参考文献 *4 には、個々の検査対象者の提供した食物の放射性核種の放射能濃度、1 日当たりの食事量、1 日当たりの放射能摂取量、1 年間の内部線量等がすべて掲載されています。ちなみに、私たちの体内に存在する天然の放射性核種であるカリウム 40 に由来する内部線量は年 0.17mSv です[*5]。

　一方、放射性ストロンチウム（Sr-90）に由来する内部線量の最大値はほぼ 0.0010 〜 0.0028mSv の範囲にあり、福島第一原発事故後の時間経過に伴って減っている放射性セシウム由来の内部線量の推移とは無関係であるように見え

ます。福島第一原発のごく近傍を除けば、表層土壌中の Sr-90 やプルトニウム 239 + 240（Pu-239 + 240）の放射能濃度は、大気圏核実験に由来する表層土壌中の放射能濃度と変わりません*6。

その理由は、第1章第2節で述べたように、福島第一原発事故ではこれらの放射性核種があまり大気中に放出されなかったからです。それゆえ、表2中の放射性ストロンチウムに由来する県民の内部線量は、ほとんどが過去の大気圏核実験に由来する放射性ストロンチウムによるものであると考えられます。

② ＭＢ法による県民の内部線量の推定

ＭＢ法では、食品をその性質によって米、雑穀・芋、有色野菜、魚介、肉・卵など14群に分類します。食品群ごとに含める食品とその摂取量（国民栄養調査に基づく）を決定した後、各調査対象地域の小売店などで食品を購入し、必要に応じて摂取する状態に加工・調理し、摂取量に従って混合・均一化した試料（ＭＢ試料）を作製します。米および飲料水以外の食品群は、それぞれ10種類以上の食品を含めるので、ＭＢ試料全体としては200種類程度の食品からなります。ＭＢ試料の放射性核種の放射能分析をおこない、1日に経口摂取する放射性核種の放射能量（Bq）を求めます。平均的な食事を1年間毎日経口摂取するものと仮定すれば、あとは摂取量から内部線量を算出する方法は陰膳法と同じです。

国、大学の研究グループなどがＭＢ法による検査をおこなっていますが、ここでは厚生労働省の委託により国立医薬品食品衛生研究所が実施した検査結果を紹介します*7。同研究所は、事故後9～10月（秋）と2～3月（春）に各調査対象地域で市販されている食品を購入して、ＭＢ法による内部線量の評価をおこなっています。

図3は、これまでに公表されているＭＢ法による内部線量の推移を示したものです。2011年秋の福島全県の内部線量は年 0.019mSv でした。2013年までは岩手県、栃木県、福島県などの東北・関東の都県の内部線量が西日本の府県より明らかに高い傾向にありました。それでも内部線量が年 0.01mSv 超だったのは2011年のみでした。2014～2015年の福島県の内部線量は年 0.002mSv 前後にまで減り、2016年以降は西日本を含む他の都道府県の内部線量とほぼ

図3　ＭＢ法による地域別内部線量の推移 (mSv/年)

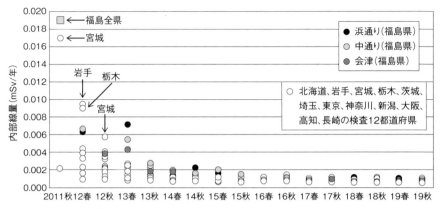

同じレベル（およそ年0.001mSv）になりました。

　表2と比較すると図3の値は低く矛盾するのではないかと考える読者がいる
かも知れません。しかし、ＭＢ法による内部線量は平均線量に相当します。一
方、表2に示した値は、陰膳法による内部線量の最大値です。表2の元データ
は参考文献＊4に載っていますが、図3の値と特段の矛盾はなく、よく一致し
ているといえます。

③ WBC 法による県民の内部線量の推定

　WBC 法は、透過力のあるガンマ線を放出する放射性核種が体内に存在する
場合に適用できます。まず、体外に配置した放射線検出器により体内から放出
されるガンマ線を測定し、放射性核種の種類や放射能量（Bq）を求めます。次
に、体内に取り込まれたのは吸入摂取か（事故直後に限定）経口摂取か（事故直
後から現在までの期間）、1回摂取か連続摂取かを考慮します。そして代謝モデ
ルを使って体内に取り込まれた時点にさかのぼって放射能量を算出し、当該放
射性核種に起因する内部線量（正確には預託実効線量）を推定します。

　福島県がおこなっている WBC 法による内部被曝検査結果によれば、2011
年6月～2020 年8月までに延べ34.5 万人を検査し、2011 年度に内部線量が年
1 mSv を超えた被検者が26 人（内訳は1 mSv が14 人、2 mSv が10 人、3 mSv

が２人）いましたが、2012年度以降は全員が年１mSv未満となっています。[*8]これまで県は年１mSv未満の被検者のうち検出限界値（Cs-134およびCs-137の放射能で各々およそ200〜300Bq）未満の被検者がどの程度いたかを公表しませんでしたが、2019年12月になってようやく公表しました。[*9]これによれば、検出限界値を超える被検者の割合は2011年度が12.9％、2012年度が2.1％、2013年度が0.5％、2014年度以降は0.13〜0.3％の範囲で推移しています。内部線量が年１mSv未満の被検者の大部分は検出限界値未満であることが分かります。[*9]

　ちなみに検出限界値の200〜300Bqの放射性セシウムの放射能量は、年0.01〜0.015mSvの内部線量に相当します。ＷＢＣ法による県民の内部線量の推定値は、陰膳法やＭＢ法による内部線量の推定値と矛盾はないと考えられます。

　県のＷＢＣ法による検査とは別に、本宮市はＷＢＣを独自に導入し、2011年12月から希望する市民の内部被曝検査をおこなっています。2020年度は新型コロナウイルス感染症の感染防止のため検査を中止しましたが、2019年度までに延べ3.8万人の検査をおこないました。県のＷＢＣ法による検査数のほぼ１割強に相当します。これまでに年１mSvを超える被検者は１人もおらず、最高値は2012年度の被検者で年0.6mSvの内部線量でした。検出限界値を超える被検者の割合は2011年度が3.2％、2012年度が0.15％、2013年度が０％、2014年度が0.17％、2015年度以降は０〜0.02％の範囲で推移しています。総じて、県のＷＢＣ法による検査結果とよく一致する結果であると考えています。

（野口　邦和）

参考文献

＊１　UNSCEAR「UNSCEAR 2008年報告書（日本語版）」第２巻 影響、科学的附属書Ｄ（2013年、138頁）

＊２　放射線医学総合研究所「外部被ばく線量の推計について―外部被ばく線量評価システムの概要と避難行動のモデルパターン別の外部被ばく線量の試算結果」（講演資料、2011年12月13日）

＊３　第38回「県民健康調査」検討委員会（資料１県民健康調査「基本調査」の実施状況について、2020年５月25日）

＊４　福島県「日常食の放射線モニタリング結果」（平成24〜令和元年度の調査

結果」、2020 年)

＊5　公益財団法人原子力安全研究協会「新版生活環境放射線（国民線量の推定)」（2011 年、155 頁)

＊6　野口邦和『放射線被曝の理科・社会—四年目の「福島の真実」—』（共著、かもがわ出版、2014 年、76 ～ 81 頁)

＊7　厚生労働省「食品中の放射性セシウムから受ける放射線量の調査結果」（平成 23 年～令和元年調査分、2020 年)

＊8　福島県「ホールボディ・カウンターによる内部被ばく検査　検査の結果について」（令和 2 年 8 月分掲載)

＊9　日本原子力研究開発機構「福島県民を対象としたＷＢＣによる内部被ばく検査に係るレビュー」（2019 年 12 月 27 日)

第**4**節

事故による健康被害はどうだったか

1. 放射線影響が出ると考えられる量の被曝はしていない

　生物が放射線を浴びると（放射線被曝といいます）障害が起こりますが、それは放射線を「浴びたか・浴びないか」ではなく、「どのくらい浴びたのか」によって現れ方が違います。

　放射線被曝で体に障害が起こるのは、体を作っている細胞が放射線によって傷つけられるからです。傷ついた細胞はその後、①傷を治して元通りに回復する、②傷がひどくて治せず、細胞が死んでしまう、③傷を治す際に間違ってしまい、突然変異を起こしてしまう、のいずれかをたどることになります。3つのうち②と③が放射線障害の原因になります。

　組織や臓器が一定量以上を被曝すると、たくさんの細胞が傷を治しきれずに死んでしまい、そのために機能が低下したり失われたりします。脱毛や吐き気、不妊などの症状や生物の死はこのような障害で、「確定的影響」と言います。

　一方、放射線被曝による突然変異が原因となって起こる障害を、「確率的影響」といいます。確率的影響は、精子や卵子を作る生殖細胞に起こって次世代に伝わる遺伝的影響と、生殖細胞以外の体の細胞（体細胞）に突然変異が起こって被ばくした本人ががんになる発がん影響の、2つに分けられます。

　確定的影響はある線量以上になると現れ始め、それより線量が増えるにしたがって障害は重くなっていきます。線量が低いところでは障害は現れず、しきい線量を超えると障害が出始めて、一定の線量以上では確実に障害が発生するようになります。しきい線量は被曝した組織によって異なり、もっとも低いしきい線量は精巣で一時的不妊が起こる 100 ミリシーベルト（mSv）です。

　福島第一原発事故による被曝線量は、第1章第2、3節で野口邦和さんがく

わしく述べているように、このしきい線量より低く、大多数の福島県民ははるかに低い線量です。このことから、確定的影響は起こっていないと考えられます。

　次に確率的影響ですが、広島・長崎で原子爆弾から高線量を浴びた親から生まれた子どもで、親の被曝による次世代への影響は見出されていません。広島と長崎で遺伝的影響が見つかっていないのですから、被曝量がはるかに少ない福島県で遺伝的影響は現れません。発がんについても、福島第一原発に近い市町村から避難した人々の外部被曝推計線量や、それよりはるかに低い内部被曝推計線量から判断して、がんの発生率が上昇するとは考えられません。

2.「放射線を避けることによる被害」で多くの方が死亡

　その一方で、被曝影響以外で甚大な被害が起こっています。その象徴ともいえるのが、避難で50人もの方々が亡くなった「双葉病院の悲劇」です。

　双葉病院の重篤患者34人と介護施設利用者98人は3月14日午前に避難を開始し、夜にいわき市内の高校に到着するまでに約14時間、230kmの移動を強いられて、バスの中で3人、搬送先の病院で24人が亡くなりました。残った95人の患者は3月15日に自衛隊によって避難し、その途上で7人が亡くなり、最終的には14日と15日の避難にともなって50人が亡くなりました。このように、「放射線被曝による被害」を避けようとした結果、「放射線を避けることによる被害」が起こってしまったのです。[*1]

　図1は東北3県の震災関連死者数の推移です。宮城県と岩手県は事故後1～3か月後がピークですが、福島県は6か月後から2年後まで高いままで横ばいになっています。これは原発事故による汚染で避難が長引いたことが原因で、「放射線を避けることによる被害」にほかなりません。そのために福島県では、2000人以上の方々が亡くなっています。[*2]

　避難した住民の中には、ほんの数日間だと思って「着の身着のまま」で避難先に向かった人も少なくありません。それがそのまま、長期の避難生活を送ることになってしまいました。避難は居住地が変わるだけでなく、生活環境も大きく変えてしまい、精神的にも肉体的にもさまざまな影響をもたらしました。

　以下に、こうした健康影響の一部をご紹介します。

図1　東日本大震災・福島第一原発事故の関連死者数

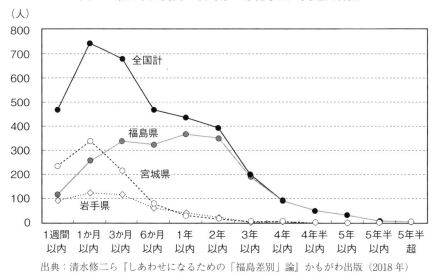

（人）

出典：清水修二ら『しあわせになるための「福島差別」論』かもがわ出版（2018 年）

3．避難にともなう精神的健康状態の悪化

　避難区域 13 市町村の 5 万 6774 人について、睡眠障害と社会経済要因の関連が調べられました。その結果、避難者では 20.3％に睡眠障害が認められました。自宅または親戚宅に住んでいる人と比較して、避難所または仮設住宅に住んでいる人の睡眠障害の危険度は男性で 1.47 倍、女性は 1.39 倍、借り家に住んでいる人は男性で 2.16 倍、女性は 1.92 倍で、すべて有意に上昇していました。

　さらに男女とも、震災による失業や収入減少が、睡眠障害の危険度の上昇に有意に関連しました。このように、震災後に避難者において社会経済状況が悪化していると、睡眠障害を起こす危険度が高くなることが分かりました。[*3]

　大規模災害後に新たに飲酒を始めることは、精神的苦痛や社会経済的要因が影響していると考えられています。震災前に飲酒習慣がなかった 3 万 7687 人について調べたところ、震災後に新たに飲酒を開始したのは 3569 人（9.6％）で、そのうち 656 人（18.4％）が多量飲酒者（日本酒換算で 1 回 2 合以上）でした。

　震災後に飲酒を開始した人のうち、2013 年（1789 人の調査）で飲酒習慣が続

いていたのは953人（53.3％）で、うち227人（23.8％）が多量飲酒者でした。また、震災後に飲酒を始めた関連要因としては、「男性」「青壮年者」「睡眠に不満足」「精神的苦痛がある」「津波や原子力発電所事故を経験した」「放射線被曝による健康不安がある」に、統計学的に有意な関連が見出されました。[*4]

４．放射線リスク認知とトラウマ（心的外傷）

福島第一原発事故による放射線のリスク認知には、①がんなどの長期的な健康影響に対するもの（晩発影響）、②将来の子どもや孫への健康影響に対するもの（遺伝的影響）の２つがあります。これらのリスク認知と精神健康状態が調べられた結果、災害発生から３年間にわたって、放射線の健康影響のリスクは高い、あるいは低いと一貫して認識し続けている、という人が多いことが分かりました。その中で、晩発影響については約60％がリスクは低いと、遺伝的影響については約50％がリスクは高いと認識し続けていました。

また、PTSD（心的外傷後ストレス障害）チェックリストで、トラウマ反応（災害のことを思い出すと非常に動揺する・心臓がドキドキする・体が反応してしまうなど）が強かった人は、健康影響のリスクは高いと認識し続けていた人が多いことも明らかになりました。震災１年後にトラウマ反応が強かった人では、そのような影響がとくに強く現れていました。

このように、災害から間もない時期のトラウマ反応が、その後３年間の放射線のリスク認知のパターンに影響を及ぼしていました。[*5]

５．避難にともなって過体重や肥満が増加

避難地域の２万7486人で、平均体重と過体重・肥満の人の割合が、震災前後でどう変化したかが調べられました。その結果、平均体重は震災後、避難者と非避難者の双方で有意に増加し、特に避難者で体重が大きく変化していました。また、過体重・肥満の人の割合も、震災後、とくに避難者で増加していました。避難者の中で過体重者の割合は、震災前が31.8％、震災後は39.4％であるのに対し、非避難者では震災前28.3％、震災後30.3％でした。

避難者が震災後に過体重になるリスクは、非避難者の1.61倍であり、過体

重になるリスクは女性より男性が大きくなっていました。震災後に起こった体重の増加と過体重・肥満の人の割合の増加は、避難による身体活動量の低下や食生活の変化が影響していると考えられ、高血圧、糖代謝や脂質代謝の異常など、循環器疾患の危険因子の増加と関連する可能性が指摘されています。[*6]

6. 飲酒の有無にかかわらず肝障害が増えている

避難地域の2万6006人を対象にして、震災後平均1.6年にわたって肝臓の状態が調べられました。その結果、肝障害を起こしている人の割合が、震災前の16.4％から震災後は19.2％へと有意に増加し、非飲酒・飲酒量別でも同様に増えていました。また、肝障害の増加の割合は、非避難者に比べて避難者で有意に高くなっていました。さらに、非避難者と比較して避難者が新たに肝障害を起こすリスクを検討したところ、非飲酒者で1.38倍、軽度飲酒者で1.43倍、中等度以上の飲酒者で1.24倍でした。このように避難生活は、飲酒の有無や量にかかわらず肝障害を発生させるリスクになっていました。[*7]

肝障害のリスク要因を調べたところ、避難の有無にかかわらず、「男性」「中等量以上の飲酒」「活動量低下」がリスク要因となっていました。また、非避難者は「転職」、避難者では「非雇用」が、それぞれ肝障害のリスク要因でした。[*8]

7. 長期避難は糖尿病発症の危険因子となる

2011年時点で「糖尿病ではない」と診断されていた1万3487人について、長期避難（平均2.67年）が糖尿病の発生率に及ぼす影響が調べられました。

その結果、①糖尿病の発生率（ある集団で一定期間に疾病が発生した率。罹患率とも言う）は、避難者のほうが非避難者よりも1.61倍高い、②非避難者と比較して、避難者では、「肥満」「脂質異常症」「体重が20歳から10kg以上の増加」「体重が1年以内に3kg以上の変化」「喫煙習慣」などの割合が有意に高い、ということが分かりました。これらの結果は、災害後の長期避難が糖尿病発症の危険因子であることを示しています。[*9]

8. 高血圧症、慢性腎疾患、低 HDL コレステロール血症も増加

　避難地域の 2 万 1989 人で血圧の変化が調べられた結果、震災後に避難者、非避難者ともに血圧が上昇していました。変化量は、男性は避難者が ＋ 5.8 ／ ＋ 3.4mmHg（収縮期血圧／拡張期血圧、以下同じ）、非避難者が ＋ 4.6 ／ ＋ 2.1mmHg、女性では避難者が ＋ 4.4 ／ ＋ 2.8mmHg、非避難者が ＋ 4.1 ／ ＋ 1.7mmHg でした。このように、変化量は避難者で有意に大きくなっていました。

　また男性では、避難は新たな高血圧症の発症に有意に関連していましたが、女性ではそのような関連はみられませんでした。

　こうしたことから、避難地域では循環器疾患が発症するリスクが高くなる可能性があると指摘されています。[*10]

　1 万 4492 人を対象に、平均 2.46 年にわたって新たな慢性腎疾患（CKD）の発症が調べられました。その結果、CKD の発生率は、非避難者は 80.8 ／ 1000 人年、避難者が 100.2 ／ 1000 人年で、避難した方々のほうが高いことが明らかになりました。また、「調査開始時の年齢」「eGFR（換算糸球体ろ過量）」「性別」「肥満」「高血圧」「糖尿病」「脂質異常症」「喫煙の有無」で調整した後も、避難は独立した CKD 発症のリスク因子であることが分かりました。[*11]

　2 万 7486 人で平均 1.6 年にわたって、血中 HDL- コレステロール値の変化も調べられました。その結果、心疾患のリスク因子である低 HDL- コレステロール血症の存在率（ある時点での集団の中で病気の人の数を、集団に属する人の総数で割った値。有病率とも言う）が、6.0％から災害後は 7.2％へと大幅に増加していました。

　また、低 HDL- コレステロール血症の男性では、「肥満度指数（ＢＭＩ）」「血圧」「LDL- コレステロール値」が、災害後に有意に増加しました。さらに、避難は低 HDL- コレステロール血症の発症と有意に関連することが明らかになり、心血管疾患の増加につながる可能性も示唆されました。[*12]

　このように、福島第一原発事故後の避難により、さまざまな健康影響が発生しています。こういった健康影響も、原発事故がもたらした深刻な被害にほかなりません。事故後に「放射線でがんが多発している」という言説が飛び交い

ましたが、そういったことは確認されていません。実際に起こった健康影響に
着目していくことが重要であると考えます。

（児玉 一八）

参考文献

＊1 一ノ瀬正樹 「放射能問題の被害性—哲学は復興に向けて何を語れるか」『国
　　際哲学研究』別冊1　ポスト福島の哲学（2013）

＊2 清水修二ら 『しあわせになるための「福島差別」論』かもがわ出版（2018）

＊3 Hayashi, F. *et al., J. Affect. Disord.*, Vol.260, pp.432〜439（2019）

＊4 Orui, S. *et al., Int. J. Environ. Res. Public Health*, Vol.14, 1281（2017）

＊5 Suzuki, Y. *et al., Int. J. Environ. Res. Public Health*, Vol.15, 1219（2018）

＊6 Ohira, T. *et al., Am. J. Prev. Med.*, Vol.50, No.5, pp.553〜560（2015）

＊7 Takahashi, A. *et al., J. Epidemiology*, Vol.27, No.4, pp.180〜185（2017）

＊8 Takahashi, A. *et al., Medicine*, Vol.97, No.42, e12890（2018）

＊9 Sato, H. *et al., Diabates & Metabolism*, Vol.45, No.3, pp.312〜315（2017）

＊10 Ohira, T. *et al., Hypertension*, Vol.68, No.3, pp.558〜564（2016）

＊11 Hayashi, Y. *et al., Clinc. Exp. Nephrology*, Vol.21, No.6, pp.995〜1002（2017）

＊12 Sato, H. *et al., Internal Medicine*, Vol.55, No.15, pp.1967〜1976（2016）

第2章
立ちはだかる さまざまな問題
どう解決すればいいのか

第1節

福島第一原発事故機の廃炉は
どうすればいいのか

◆━━━━━━━━━━━━━━━━━━━━━━━◆

　福島第一原発の廃炉（正式には、廃止措置という）については、政府に廃炉・汚染水対策閣僚等会議が設置されており、「大方針の策定・進捗管理」という役割を担っています。廃炉の中長期ロードマップの策定はこの会議で決定されます。初回は2011年12月に策定され、第3回は2017年9月に、直近では第4回として2019年12月に改訂されました。

　2019年12月に改訂された中長期ロードマップ[*1]において、廃炉終了まで事故発生から30〜40年後（2041〜2051年）という目標は変更しませんでした。ここでいう「廃炉完了」とは、燃料デブリ（燃料や構造材などが溶融してから固まったもの）を回収し、建屋も解体撤去することです。

　原子炉建屋に地下水が流入することが止められず、汚染水が増え続けています。1〜3号機の燃料デブリの回収は困難を極めており、今後の見通しも立たないので、中長期ロードマップどおりに廃炉作業が進むとは考えられません。

　燃料デブリを全量取り出して建屋なども解体撤去して更地にする、という国の基本的方針を根本的に見直すことが必要ではないでしょうか。

1．事故機の現状はどうなっているのか

　福島第一原発で事故当時に運転中であった1〜3号機では、炉心燃料が溶融し圧力容器の底を貫通するという重大事故が発生しました。いずれも格納容器の一部が破損しているので、圧力容器内に注水すると、格納容器に漏れ、さらに建屋に漏れ出します。建屋地下構造物が損傷しており、地下水が絶えず流入

することで、汚染水が1日に150m³程度発生しています。現在、トリチウム以外の放射性物質を除去した処理水はタンクで保管しています（この問題については、次節を参照）。それぞれの事故機の状況（2020年10月現在）は以下のとおりです。

　①1号機：水素爆発で建屋天井は崩れ落ちています。これから、建屋全体を覆うカバーを設置する予定です。プールには、392体の使用済燃料が残されています。建屋内では、1時間あたり5シーベルト（Sv）を超えるエリアも存在します。

　②2号機：水素爆発はしませんでした。そのため、セシウムなどの放射性物質が充満したため、建屋内の線量率が非常に高い状況です。5階の原子炉直上の床面で1時間あたり最大630ミリシーベルト（mSv）もあります。線量率が高すぎるので、このままでは、人が入って作業することはできません。1階の床では1時間あたり最大で4400mSvとすさまじい値です。プールには、615体の使用済燃料が残されています。

　③3号機：水素爆発で建屋天井は崩れ落ちました。すでに、クレーンとその上を覆うカバーを設置してあります。プールに残されていた使用済燃料の搬出作業が2019年4月から進行しています。

　④4号機：事故当時は運転していませんでしたが、3号機から漏れ込んだ水素が建屋内で爆発しました。定期点検で炉心からすべての燃料がプールに移されていました。使用済燃料を含めてプールに残されていた1535体の搬出作業が2013年11月に開始され、2014年12月に完了しています。

2．国の中長期ロードマップの概要

　2019年12月27日に改訂された「福島第一原子力発電所の廃止措置等に向けた中長期ロードマップ[*1]」には、現在までの進捗状況と目標行程（どの作業をいつまでに実施するのか）が示されています。

① 汚染水対策

事故機の原子炉建屋の地下が損傷しているので、雨水や地下水が流れ込み続けて汚染水の増加が止まりません。2014年5月には1日あたり約540m^{3}もありました。地下水を汲み上げるサブドレイン、凍土壁設置などを実施し、2018年度には1日あたり約170m^{3}まで減少しましたが、やはり止めることはできていません。

今回の中長期ロードマップでは、「2020年内に1日あたり150m^{3}程度、2025年内に1日当たり100m^{3}以下に抑制する」ことを目標に掲げています。そのために、敷地の舗装をさらに進めることと事故機建屋の屋根を2023年度頃までに補修完了することを目標にしています。地下水の流入をゼロにすることはできないので、汚染水が増え続けるばかりです。

② 使用済燃料プールからの燃料取り出し

1〜6号機の使用済燃料は、まず供用プールに輸送され、保管されます。充分に冷却されると、乾式キャスクに収納され、乾式キャスク仮保管施設に輸送され保管されています。一般にはあまり知られていないことですが、2011年3月の事故当時にも、福島第一原発には、使用済燃料が乾式キャスクに収納されて保管されていました。乾式キャスクは、内部をヘリウムガスで満たした金属製容器で、強制的な冷却は必要としません。津波に襲われ浸水しましたが、破損はもちろん、問題となることは全く起きませんでした。

4号機のプールにあった1535体の集合体は、2014年12月までにすべて供用プールに輸送されました。3号機のプールにある使用済燃料も2019年4月から輸送が始まり、2020年度中に完了の予定です。

問題は、1、2号機です。1号機は水素爆発で天井が吹き飛び、プール上部に約1100トン(t)ものがれきが散乱しています。建屋全体を覆うカバーを設置してプールから燃料を取り出す手はずです。2号機は水素爆発しなかったものの、建屋内の高い線量率が作業を妨げています。

2017年9月の中長期ロードマップでは、1、2号機とも「2023年度を目処に取り出し開始」としていましたが、今回の改訂では「1号機は2027〜2028

年度、2号機は2024～2025年度に取り出し開始」とされました。1～6号機にある燃料の取り出し完了は「2031年内」に設定されました。まだ、これから10年もかかる計画です。1号機のがれきは大量であり、その撤去は大変な作業です。がれきを撤去でき、下のプールに沈められている燃料集合体の取り出しに支障が出るほどの変形などがなければ、取り出しそのものはできると考えます。2号機については、建屋上部の除染が進めば、燃料の取り出しは可能です。

③ 燃料デブリの取り出し

　一番の難題は、燃料デブリの取り出しです。国の計画では、「全量取り出し」を目標にしていますが、困難を極めることは必至です。

　1～3号機は、いずれも、溶けた燃料デブリの一部が圧力容器の底を突き破り、格納容器に落下しています。福島第一原発は沸騰水型であり、下部から圧力容器内に制御棒案内管など多数の管が挿入されています。これらの管が溶けて貫通状態となり燃料デブリが格納容器に落下したのです。燃料デブリの量は正確には分かっていませんが、各号機とも、少なくても100t単位であることは間違いありません。3基合計で644tという推定[*2]もあります。1号機では、ほぼ全量の燃料が格納容器内に落下していると推定されています。

　取り出し計画を策定するための大前提は、「燃料デブリが、どこに、どんな形状で存在しているのか」を把握することです。これまで、ロボットなどを利用して格納容器内の調査をしてきました。2019年までに、1号機で32回、2号機は6回、3号機で2回実施されました。

　それらの情報をもとに、今回の中長期ロードマップでは、「2021年に2号機から取り出しを開始」としました。初号機として2号機を選んだ理由は、作業現場の線量率が低い（1時間あたり約5mSv）こととデブリの状況の情報が多いことなどからです。作業員の被曝低減の観点からは、格納容器および圧力容器に水を張った状態で作業する「冠水工法」が望ましいのですが、格納容器の損傷部をふさぐことができないため、冠水工法が採用できません。しかたなく、「気中工法に重点を置く」とせざるを得ません。格納容器底部には横からアクセスする工法、圧力容器内部には上からアクセスする工法を前提に検討を進め

ることとされました。その中でも、まず、格納容器内に通じる既存の開口部から取り出し装置を投入し試験的取り出しを開始する計画です。

　燃料デブリが整然と並べられているならともかく、一旦は液体となり、様々な構造材とも反応しながら、散らばり、張り付いて固まっています。その「全量」を、ロボットアームなどの遠隔操作で取り出すことができるとは、到底考えられません。今後、模型を使った実証試験などを通して技術開発が続けられる予定ですが、全量を取り出せる見通しはないといって過言ではありません。

　1979年3月に米国スリーマイル島原発2号機で発生した重大事故では、炉心燃料の約45％にあたる62tが溶融し構造材などと一緒に溶けて燃料デブリを形成しました。幸いなことに加圧水型原発であったため、圧力容器下部から挿入されている管は少なく、底を突き破られなかったため、燃料デブリは圧力容器内に留まりました。圧力容器内に水を張る冠水工法で上部から燃料デブリの99％を取り出すことができました。その後、解体などはされずに、保管監視状態に置かれていました。

　今後、2041年から解体を開始し2053年に完了する予定です。事故発生から解体完了まで74年という長期にわたる廃炉作業です。

3．なぜ、燃料デブリ全量取り出しと更地方式にこだわるのか

　福島第一原発事故機についても、時間をかけて廃炉方式の選択肢についての検討が必要です。なぜ、国は燃料デブリ取り出しに早期に着手すること、事故発生から30〜40年後という短期間での廃炉を完了することと更地方式にこだわるのでしょうか。中長期ロードマップでは「リスクの起源に応じた安全対策」という表現をしています。

　これは分かりにくい表現なので、原子力損害賠償・廃炉等支援機構の資料を見ると、様々な要因の中でも、燃料デブリは「潜在的影響度が高く、長期的には環境汚染が発生する可能性も高い」に分類されています。要するに、危険性が高いので、放置しておくと放射性物質などが漏れ出して環境汚染発生のリスクがあるということです。そのために、取り出して保管管理することで、リスクを低減させることが必要という論理です。そうであるとしても、廃炉を急ぐ理由にはなりません。

更地方式にこだわるのは、地元との関係を重視しているからでしょうか。更地にしても、跡地の利用は考えられないのですから、こだわらなくてもいいのではないでしょうか。

4．原子力学会が敷地修復まで 100 年以上かかる試算公表

日本原子力学会に設置された福島第一原子力発電所廃炉検討委員会は、2020年7月に「国際基準から見た廃棄物管理—廃棄物検討分科会中間報告*2—」を公表しました。

上記の国の中長期ロードマップでは、廃炉完了を事故発生から 30 ～ 40 年後（つまり、2041 年～ 2051 年）と設定していますが、主要設備の解体撤去までです。日本原子力学会の報告では、汚染土壌や地下水の除去など、地下部を含めて敷地を修復し更地にして再利用可能な状態にするには、最短でも 100 年以上必要としています。

その場合には、燃料デブリ 644t、高レベル放射性廃棄物 2125t をはじめとして、合計 780 万 t 超の放射性廃棄物が発生すると試算しています。商用原発の廃炉では、浜岡 1 、 2 号機合わせた放射性廃棄物は約 2 万 t と推定されているので、福島第一原発の事故機 3 機で 780 万 t というのは、とんでもない量です。この量を受け入れられる放射性廃棄物処分場ができるとは到底考えられません。

この報告書では、即時解体・更地方式以外に、建屋の一部や汚染土壌は撤去しないというシナリオや燃料取り出しから数十年後に解体開始というシナリオも検討されています。その場合には、放射性廃棄物の発生量は減りますが、敷地の再利用が可能になるには数百年かかると評価されています。

5．事故機も含めて「墓地方式」で長期保管監視を

汚染水を増加させないために、事故機の建屋を地下から覆うお椀状の「地下ダム」の設置を提案します。こうすることで、地下水の流入を遮断します。

デブリを全量取り出せる見通しは全くありません。燃料デブリの取り出しも原子炉本体の解体もしないで、事故機の上部を堅固な構造物で覆う「墓地方式」で、長期保管監視を続けることを選択すべきではないでしょうか。第 3 章第 2

節で述べるように、事故機以外も同じように「墓地方式」を採用すべきです。

(岩井　孝)

参考文献

＊1　政府　廃炉・汚染水対策関係閣僚会議「東京電力ホールディングス（株）福島第一原子力発電所の廃止措置に向けた中長期ロードマップ」、2019 年 12 月 27 日

＊2　日本原子力学会　福島第一原子力発電所廃炉検討委員会「国際標準からみた廃棄物管理 —廃棄物検討分科会中間報告—」、2020 年 7 月

＊3　原子力損害賠償・廃炉等支援機構　「燃料デブリ取り出しの意義とリスク低減の考え方」、2017 年 3 月 4 日

原発敷地内の大量の処理水

―トリチウムとは何か、現状はどうか、どうしたらいいのか―

1. 自然起源トリチウム

　トリチウム（tritium）は水素の同位体の1つです。質量数（原子核内の陽子数と中性子数の和）3の水素の同位体なので、ヨウ素131（I-131）やセシウム137（Cs-137）などと同様に表記するなら水素3（H-3）です。天然に存在する水素元素は、水素1（原子核内の中性子数0）と水素2（同1）で構成されています。「天然同位体存在比」は、それぞれ99.9855％と0.0145％です。[*1]

　天然同位体存在比とは、元素を構成する同位体の天然に存在する割合を原子数比で表したものです。原子数が100万個あると、水素1が99万9855個、水素2が145個を占めることを意味します。水素1は軽水素（核種記号 ^1H）、水素2は重水素（核種記号 ^2H または英名の頭文字をとってD）と呼ばれることもあります。これと同様の呼び方をすると、トリチウム（水素3）は三重水素（核種記号 ^3H またはT）です。

　したがって、水の化学式は H_2O と表記しますが、実際には ^1H_2O が99.9710％（0.999855 × 0.999855 × 100％）、^2H_2O（または D_2O）が0.00000210％（0.000145 × 0.000145 × 100％）、$^1H^2HO$（または ^1HDO）が0.0290％（0.999855 × 0.000145 × 2 × 100％）存在することになります。

　地球の表面付近に限られますが、トリチウムはごくわずかながら自然界に存在します。天然同位体存在比で表すと限りなくゼロに近く、場所により大きく値が異なるため、天然同位体存在比が何％などと表現することはありません。天然同位体存在比は、場所によらず一定であってこそ意味があるからです。

　トリチウムは安定同位体である水素1や水素2と異なり、12.32年の半減期

でベータ壊変する放射性同位体であるため、通常は気体試料なら Bq/m^3、液体試料なら Bq/L または Bq/m^3 などと表現します。トリチウムの放出するベータ線の最大エネルギーは 0.0186 メガ電子ボルト（MeV）で、最も低エネルギーのベータ線を放出する放射性核種として知られています。

　自然起源トリチウムの主な生成反応は、成層圏と呼ばれる地上 20 ～ 30km の上空での、大気の約 78.1％を占める窒素元素の中の窒素 14（N-14、天然同位体存在比 99.6205％）と宇宙線中性子との核反応 $^{14}N(n,t)^{12}C$ です。式中の t はトリトン（水素 3 原子核の英名 triton に由来）で、これと 1 個の電子が結合したのがトリチウムです。成層圏で生成したトリチウムの 99％以上は水分子（^1HTO）となり、水蒸気として対流圏に降下し、地球表面の水循環系に入ります。[*2]

　すなわち雨水として地上に降り、地下に浸透し、あるいは河川水となってやがて海に流れ込みます。地下水の一部は地上に出てきて河川水となり、上記と同じ経路をたどります。地上に出てくることなく、地下水のまま海に流れ込むものもあります。海に出た水は水蒸気となって対流圏に入り、再び雨水として地上に降下します。これが地球表面の水循環系です。

　水素 1 や水素 2 の天然同位体存在比が地球上のどこでも一定の値（厳密に表現すると、ほぼ一定の値）であるのに対し、トリチウムが地球上の場所によって値が大きく異なる理由は、半減期が 12.32 年と短いからです。トリチウムと同じ宇宙線生成放射性核種である炭素 14（C-14）は半減期が 5700 年と長く、ほとんど減衰することなく地球表面のいたるところに移行・拡散するため、どこでも放射能濃度はほぼ一定の値となります。これがトリチウムと炭素 14 との違いであり、考古学的年代測定法として知られる炭素 14 年代測定法の原理になっています。

　地球化学の分野では、$^3H/^1H$ 原子数比が 10^{-18} である場合を 1 TU と定義するトリチウム単位（単位記号 TU）が使われています。自然界では、前述した核反応により生成するトリチウム量と地球表面で壊変するトリチウム量が等しい状態（平衡状態）になっており、おそらく平衡状態にある $^3H/^1H$ 原子数比が 10^{-18} 程度であることから生まれた単位ではないかと想像しているのですが、浅学のため定義の真の由来は知りません。

　計算してみると、1 TU の純水 1 m^3 中に含まれるトリチウムの放射能は約 119 Bq です。しかし、現在の河川水などの陸水や海水、あるいは雨水中に含

まれるトリチウム濃度はこれより 2 ～ 10 倍くらい高い範囲にあります。

　その理由は、過去の大気圏内核実験により生成された人工起源トリチウムが大気圏内に付加されたからです。大気圏内核実験が史上最多行われた 1961 ～ 1962 年の 1 ～ 2 年後の東京都内の雨水には、最大 10 万 Bq/m³ ほどのトリチウムが含まれていました[*3]。200 キロトン（kt）以上の爆発威力の大気圏内核実験では、大量のトリチウムが成層圏にまで運ばれて長期間残存するため、一度汚染された地球表面の水環境系が大気圏内核実験前の状態に戻るには、半減期の 10 倍に相当する 120 年以上を要するのではないでしょうか。

　なお、「UNSCEAR 2000 年報告書」によれば、地球表面における自然起源トリチウムの生成率は 2500 原子 /m²/ 秒[*4]で、これに地球の表面積（約 5.10 × 10¹⁴ m²）を乗じて求められるトリチウムの年間生成放射能量は 7.2 × 10¹⁶ Bq となります[*4]。

　同報告書は、地球上に存在するトリチウムは 1.275 × 10¹⁸ Bq で、自然起源トリチウムの対流圏への分配比を 0.004、対流圏の体積を 3.62275 × 10¹⁸ m³ と仮定して、対流圏における自然起源トリチウムの放射能濃度を 1.4 mBq/m³ としています[*4]。また、同報告書は、自然起源トリチウムの摂取に伴う内部被曝の年実効線量は 0.01 μSv と推定しています[*5]。同じ宇宙線生成放射性核種の炭素 14（C-14）、ナトリウム 22（Na-22）、ベリリウム 7（Be-7）の摂取に伴う内部被曝の年実効線量は、それぞれ 12 μSv、0.15 μSv、0.03 μSv と推定しています[*5]。「UNSCEAR 1982 年報告書」によれば、大気圏内核実験が始まる前の自然起源トリチウムの陸水と海水の放射能濃度はそれぞれ 200 ～ 900 Bq/m³、約 100 Bq/m³ です[*2]。

2．人工起源トリチウム

　大気圏内核実験により生成された人工起源トリチウムに加え、医学・薬学・生物学研究などで利用されているトリチウムは、放射性核種生産用の原子炉でリチウム 6（Li-6）に中性子を照射する核反応 ^{6}Li（n, α）^{3}H により製造されています。日本の原子力発電所の軽水炉のように核燃料が冷却材である水の中に浸かっている原子炉では、水中に含まれる重水素が中性子を吸収する核反応 ^{2}H（n, γ）^{3}H により、トリチウムが生成します。ただし、この核反応はターゲッ

トとなる重水素の天然同位体存在比が 0.0145％と非常に小さく、かつ核反応が非常に起こりにくいため、CANDU 炉（カナダ型重水炉）のような大量の重水を減速材や冷却材に使っている重水炉を除けば、トリチウムの発生源としての寄与は非常に小さいものです。

軽水炉の冷却材に含まれるトリチウムの最大の発生源は、ウラン 235（U-235）の三体核分裂です。核分裂というと原子核が 2 つに分裂する状態をイメージしがちですが、実は核分裂の 0.4 〜 0.6％は原子核が 3 つに分裂する三体核分裂です。[*6] 3 つの核分裂片のうち最小のものは原子番号 1 〜 18 の原子核で、このうち約 90％はヘリウム 4（He-4）原子核、約 7％はトリチウム原子核だといいます。[*6] この通りなら、100 万回の核分裂が起こると 4000 〜 6000 回は三体核分裂で、280 〜 420 個のトリチウムが生成することになります。福島第一原発でいま問題になっているトリチウムは、このようにして生成したものです。

3. 浄化装置では除去できないトリチウム

1 L の水に含まれる水素原子数は約 6.69×10^{25} 個です。福島第一原発の建屋地下にある滞留水中のトリチウム濃度は 1L 当たり約 73 万 Bq [*7] で、これは 4.09×10^{14} 個のトリチウム原子数に相当します。トリチウム単位で表すなら約 612 万 TU です。軽水素を H、重水素を D、トリチウムを T と表記すると、トリチウム水は HTO です。DTO、T_2O も存在しますが、どう考えてもその存在割合は HTO と比較すると桁違いに少ないため、トリチウム水は通常 HTO と表記します。

セシウム 137（Cs-137）やストロンチウム 90（Sr-90）などのように水に溶けていれば、陽イオンであれ陰イオンであれ、共沈法、溶媒抽出法、イオン交換法などを利用して分離できます。しかし、トリチウムは水に溶けているのではなく水分子そのものです。それゆえ、通常の分離法では分離できません。手元にある『化学小事典』によれば、「同位体は原子番号が同一なので、普通の化学的方法で相互に分離することはほとんど不可能で、質量の差に起因する微小な性質の差、すなわち同位体効果を利用する以外にない」とあります。[*8]

原子番号が互いに等しくても同位体の間には必ず質量の違いがあり、物理化学的性質に微小な違いを引き起こします。これが「同位体効果」で、軽い元素

ほど効果が大きいことが分かっています。例えば質量数２の違いは、軽水素（H-1）とトリチウム（H-3）では約３倍の質量の違いになります。一方、U-235とU-238の質量数の違いは３ですが、約1.3%の質量の違いでしかありません。軽い元素ほど同位体効果が大きいことは容易に理解できるはずです。

　少量のトリチウム水であれば、同位体効果を利用してトリチウム水を濃縮することはできます。例えば１気圧下での沸点は H_2O が100℃、HTOは101.5℃です。HTOの方が H_2O より１分子の質量が少し重いため、沸点が少し高くなるのを利用するのです。気が遠くなるような作業ですが、蒸留（蒸発と凝縮）を繰り返し行えば、低沸点の H_2O に富んだ水と高沸点のHTOに富んだ水に分けることができます。分離というより濃縮といった方が正確ですが、このようにしてトリチウム水を濃縮して体積を減らすことができれば、少しは保管しやすくなるでしょう。

　しかし、いま問題になっている「多核種除去設備」（ALPS）等の処理水はこの２年間ほどは毎日およそ300m³ずつ増え続け、約117万m³も蓄積しています（2020年10月19日時点）[*9]。前述したように、ALPS等の処理水のトリチウム濃度は平均73万Bq/Lです。実験室レベルで取り扱う少量のトリチウム水ならまだしも、これほど大量のトリチウム水となると、濃縮してトリチウム水の体積を減らし保管することは現実的ではありません。

　経済産業省の廃炉・汚染水対策関係閣僚等会議に設置された汚染水処理対策委員会の下に設置されたトリチウム水タスクフォース（以下、タスクフォース）は、２年半の検討を経て報告書を取りまとめています。報告書は、同位体分離に関して、トリチウム分離技術の検証試験の結果を踏まえ、「ただちに実用化できる段階にある技術は確認されなかった」「短期間で実用化に至る技術は無いことが確認された」と結論しています[*10]。こんな結論なら、２年半の時間をかけなくても、初めから分かっていたではないかと思わなくもありません。

４．法令上のトリチウムの取り扱い

　日本の法令では、放射性核種毎に規制対象となる数量（Bq）と濃度（Bq/g）が決められており、数量と濃度の両方がこの値を超えると、放射性核種として規制されます。法令上の規制対象となる数量と濃度を「下限数量」と呼んで

ます。数量と濃度のいずれか一方が下限数量を超えない場合は、法令上の規制対象にはなりません。規制対象となるトリチウムの数量は 1×10^9 Bq、濃度は 1×10^6 Bq/g です[*11]。比較の意味でセシウム 137（Cs-137）について記すと、規制対象となる数量は 1×10^4 Bq、濃度は 1×10^1 Bq/g です[*11]。

　放射線施設から放射性廃液を環境に排出する場合、放射性核種別・化学形等別に法令に基づく濃度規制がおこなわれています。告示に定める排気中または空気中の濃度限度以下、または排液中または排水中の濃度限度（以下「告示濃度」）以下であれば排出できます。核種が 2 種類以上の場合は、各核種の放射能濃度の告示濃度に対する比をとり、その総和（以下、告示濃度比総和）が 1 以下であれば排出できます。これが濃度規制です。

　トリチウム水の場合、排気中または空気中の告示濃度は 5×10^{-3} Bq/cm^3、排液中又は排水中の告示濃度は 6×10^1 Bq/cm^3 です[*11]。廃棄は記帳義務があり、廃棄にかかわる放射性核種の種類および数量、廃棄の年月日、方法および場所、廃棄に従事した者の氏名を記帳し、帳簿は 5 年間保存しなければなりません。

　なお、放射性核種を 1 Bq 摂取した場合の実効線量を実効線量係数といいます。トリチウム水の実効線量係数は、吸入摂取、経口摂取ともに 1.8×10^{-8} mSv/Bq（成人の場合）です[*11]。また、有機結合型トリチウムの実効線量係数は、吸入摂取では 4.1×10^{-8} mSv/Bq、経口摂取では 4.2×10^{-8} mSv/Bq（ともに成人の場合）です[*11]。

　加えて原子力施設の場合は、通常運転時に環境に放出される放射性核種によって周辺住民が受ける被曝を合理的に達成できる限り低く保つための努力目標値として、線量目標値（実効線量で年 $50\,\mu$Sv）が指針で決められています。「ICRP 2007 勧告」にある計画被曝状況における線量拘束値に相当するものです。線量目標値を達成できる範囲で気体廃棄物および液体廃棄物について、年間放出量（年間放出管理目標値）が保安規定などで決められています。福島第一原発の場合、液体廃棄物の年間放出管理目標値は、トリチウムを除く全核種が 2.2×10^{11} Bq、トリチウムが 2.2×10^{13} Bq です。

　トリチウムの健康への影響について、トリチウム水は「健康への影響はセシウム 137 の約 700 分の 1 程度。身体に取り込まれると、約 3 ～ 6 ％が有機結合型トリチウムになる」、有機結合型トリチウムは「健康への影響はセシウム 137 の 300 分の 1 以下」という経済産業省の資料があります[*12]。出典は不明です

が、トリチウム水を経口摂取した場合の実効線量係数に対する Cs-137 の実効線量係数の比をとると、720 になります。また、有機結合型トリチウムを経口摂取した場合の実効線量係数に対する Cs-137 の実効線量係数の比をとると、370 になります。経産省の資料にある Cs-137 の「約 700 分の 1 程度」と「300 分の 1 以下」は、おそらくこのようにして求めたものでしょう。

表1　告示（放射線を放出する同位元素の数量等を定める件）別表2より抜粋

核種	化学形等	吸入摂取した場合の実効線量係数 (mSv/Bq)	経口摂取した場合の実効線量係数 (mSv/Bq)	空気中濃度限度 (Bq/cm³)	排気中又は空気中の濃度限度 (Bq/cm³)	排液中又は排水中濃度限度 (Bq/cm³)
³H	水	1.8×10^{-8}	1.8×10^{-8}	8×10^{-1}	5×10^{3}	6×10^{1}
³H	有機物（メタンを除く）	4.1×10^{-8}	4.2×10^{-8}	5×10^{-1}	3×10^{3}	2×10^{1}
⁹⁰Sr	チタン酸ストロンチウム以外の化合物	3.0×10^{-5}	2.8×10^{-5}	7×10^{-4}	5×10^{-6}	3×10^{2}
¹³¹I	蒸気	2.0×10^{-5}		1×10^{-3}	5×10^{-6}	
¹³¹I	ヨウ化メチル以外の化合物	1.1×10^{-5}	2.2×10^{-5}	2×10^{-3}	1×10^{-5}	4×10^{2}
¹³⁷Cs	全ての化合物	6.7×10^{-6}	1.3×10^{-5}	3×10^{-3}	3×10^{-5}	9×10^{2}

　表1は、告示（放射線を放出する同位元素の数量等を定める件）の別表2から、比較の意味でいくつかの放射性核種を抜き出したものです。放射性核種の健康影響の程度が単純に実効線量係数の大小だけで決まるものではないにしても、トリチウムが危険性のきわめて低い放射性核種であることは多くの専門家の一致するところではないでしょうか。

5．ALPS 処理水の取り扱いをめぐる議論を進めるために

　汚染水処理対策委員会の下に設置された多核種除去設備等処理水の取り扱いに関する小委員会（以下、小委員会）は、約3年間かけて ALPS 等の処理水の取り扱いについて、風評被害など社会的な観点を含む総合的な検討を行い、報告書を取りまとめています。[*13]

同報告書は、タスクフォースが取りまとめたALPS等の処理水の5つの処分法（地層注入、海洋放出、水蒸気放出、水素放出、地下埋設）のうち「地層注入、水素放出、地下埋設については規制的、技術的、時間的な観点から現実的な選択肢としては課題が多く、技術的には、実績のある水蒸気放出と海洋放出が現実的な選択肢である」としています[*13]。そのうえで、「海洋放出について、国内外の原子力施設において、トリチウムを含む液体放射性廃棄物が冷却用の海水等により希釈され、海洋等へ放出されている。これまでの通常炉で行われてきているという実績や放出設備の取扱いの容易さ、モニタリングのあり方も含めて、水蒸気放出に比べると、確実に実施できると考えられる」と述べています[*13]。

　実は、私も同じ考えを持っています。この記述は、海洋放出を推奨すると明言していないものの、海洋放出を事実上推奨していると受け取れます。また、報告書は「政府には、本報告書での提言に加えて、地元自治体や農林水産業者を始めとした幅広い関係者の意見を丁寧に聴きながら、責任と決意をもって方針を決定することを期待する。その際には、透明性のあるプロセスで決定を行うべきである」と、注文をつけています[*13]。報告書を受けて現在は、地元自治体や農林水産業者をはじめとした幅広い関係者の意見を聴きながら、政府がALPS等の処理水の処分方針を決定する段階にあります。

　以上を踏まえ、私の思うところを述べます。

① ALPS等で浄化後の処理水を「汚染水」と表現するのは不適切

　第1は、一部メディアがALPS等の処理水をいまだに「汚染水」あるいは「トリチウム汚染水」と表現していることです。福島第一原発内には原子炉建屋地下などにある高濃度の滞留水をはじめ、さまざまな放射能レベルの汚染水が存在します。いま議論になっているのはALPS等で浄化後の処理水ですから、「ALPS等の処理水」と表現するのが適切です。

　トリチウムは浄化できないため、建屋地下の高濃度滞留水も、セシウム吸着装置出口水も、淡水化装置出口水も、ALPS出口水も、トリチウム濃度は同じです。福島第一原発内の汚染水はすべてトリチウム汚染水なのです。「汚染水」や「トリチウム汚染水」では、どの汚染水を指しているかが不明です。

2020 年 3 月、東京電力は従来の表記を見直し、トリチウム以外の放射性核種の告示濃度比総和が 1 未満の処理水は「多核種除去設備等の処理水」または「処理水」、十分に処理できていない処理水は「多核種除去設備等の処理水（告示濃度比総和 1 以上）」、両者を併せて示す場合は「処理水＊」[*14]としています。

　公表の仕方が地味であまり知られていないのですが、誤解の余地がなくなるという意味で、東電の見直した表記法に私は賛成です（ただし、「多核種除去設備等の処理水（告示濃度比総和 1 以上）」と「処理水＊」の中にはフィルターの不具合などにより処理できなかったものなどが含まれているので、それをも「処理水」と呼ぶのは疑問ですが）。本節でも東電の表記法をおおむね踏襲しています。いま処分の対象として議論になっているのは、「多核種除去設備等の処理水（告示濃度比総和 1 以上）」でも「処理水＊」でもなく「多核種除去設備等の処理水」です。

　Sr-90 を含んでいるなどといって「多核種除去設備等の処理水（告示濃度比総和 1 以上）」または「処理水＊」を海洋放出するかのごとき批判が散見されますが、こうした事実について正確に理解しないままでは、ことの本質を見誤らせる煽り行為と受け取られかねません。それは問題解決にとって有害無益であり、決して世論の支持を得られないでしょう。事実に基づく建設的な議論をしましょう。

②「多核種除去設備等の処理水（告示濃度比総和 1 以上）」の浄化を

　第 2 は、ALPS はトリチウムを除く 62 核種を排液中または排水中の告示濃度比総和が 1 以下に浄化できる設備として導入されたにもかかわらず、108 万 700m^3 ある「処理水＊」の 72.2％に相当する 78 万 700m^3 が「多核種除去設備等の処理水（告示濃度比総和 1 以上）」であることです（2019 年 12 月末時点）[*13]。

　これが判明したのは 2018 年 8 〜 9 月のことでした。ALPS 運用開始初期のトラブルや処理量を増やすため吸着剤の交換頻度を下げた結果によるものと東電は弁明しています。その後、東電は二次処理設備（ALPS あるいは逆浸透膜処理装置）により「多核種除去設備等の処理水（告示濃度比総和 1 以上）」を浄化する検討をおこない、6.5 万 m^3 ある告示濃度比総和 100 以上の高濃度のものを 2020 年中に試験的に 1800m^3 処理しました。

　二次処理設備の準備、二次処理後の処理水を受け入れるタンクの準備などで

時間がかかるのは分かりますが、1800m³ は 78 万 700m³ ある「多核種除去設備等の処理水（告示濃度比総和 1 以上）」の 0.26％に過ぎません。東電は、早急に二次処理に着手し、すべての「多核種除去設備等の処理水（告示濃度比総和 1 以上）」を浄化して告示濃度比総和が 1 以下になるよう尽力すべきです。

③ ALPS 等の処理水をどこまで希釈するか

第 3 は、ALPS 等の処理水を希釈する場合、どこまで希釈するかという問題です。

前掲タスクフォースの報告書によれば[*10]、ALPS 等の処理水の 5 つの処分法の中で希釈が想定されるのは海洋放出です。前掲小委員会報告書は「海洋放出が現実的な選択肢」と述べています。報道によれば、政府も海洋放出する方向で最終調整していると言います。海洋放出する場合、東電はどこまで希釈するつもりでしょうか。敷地境界線量が年 1 mSv を超えないよう放出管理し、その上で液体廃棄物の排水に起因する線量を年 0.22 mSv と割り当て、線量評価上有意な主要 4 核種（Cs-134、Cs-137、Sr-90、H-3）を選定し、東電は排水する際の運用目標を設定しています。トリチウムの告示濃度は 6×10^1 Bq/cm³（6×10^4 Bq/L）ですが、運用目標は 1500 Bq/L です[*15]（表 2）。

表 2　サブドレン、地下水バイパスの水等を排水する際の運用目標

核　種	セシウム 134	セシウム 137	全ベータ	トリチウム
放射能濃度（Bq/L）	1	1	3（1）※	1500

※おおむね 10 日に 1 回程度のモニタリングで 1 Bq/L 未満を確認

地下水バイパス、サブドレンおよび地下水ドレンでくみ上げた水について、東電は、運用目標を満たすものは排水、満たさないものは浄化し満たしたうえで排水しています。運用目標設定の経緯を考えると、ALPS 等の処理水も運用目標まで希釈して排水することになるはずですが、東電は告示濃度比総和が 1 以下になるまで希釈するか、それとも運用目標まで希釈するかを明らかにしていません。東電の資料を見ても、「トリチウム濃度を可能な限り低くする」として「海洋放出の場合　海水中のトリチウム告示濃度限度（水 1 リットル中

60,000 ベクレル）に対して、『地下水バイパス』及び『サブドレン』の運用基準（水 1 リットル中 1,500 ベクレル）を参考に検討する　＜参考＞ WHO が定める飲料水基準：水 1 リットル中 10,000 ベクレル」とあるだけです。[16]

　議論を前に進める意味でも、東電は ALPS 等の処理水をどこまで希釈するか、早急に明らかにすべきです。

④ 透明性あるプロセスで国民合意こそ不可欠

　最後に、大学でトリチウムを含む非密封放射性核種を取り扱っている施設の放射線管理を 41 年間、選任放射線取扱主任者を 24 年間務めた者としては、複雑な思いでこの問題を見ています。

　施設内で発生した放射性廃液は、法令に基づき、告示濃度比総和が 1 以下であれば外部にそのまま排出、1 を超えている時は希釈して 1 以下にして外部に排出しています。ALPS 等の処理水の取り扱いについてまだ確定しておりませんが、海洋放出する場合は、希釈して最低でも告示濃度比総和を 1 以下にして排出することになります。東電が運用目標以下になるまで希釈するなら、ALPS 等の処理水の平均トリチウム濃度が 73 万 Bq/L の場合、海水で 500 倍に希釈すればトリチウム濃度は告示濃度の 40 分の 1 の 1500 Bq/L 以下になります。そうすれば、もともと告示濃度以下であるトリチウム以外の核種の告示濃度比総和も、1 よりはるかに低い値になるはずです。

　ALPS 等の処理水は東電の運用目標以下に希釈して海洋放出するのが現実的であると、私は考えています。安全上の問題はないと思っています。それでも海洋放出に反対するとなると、その理由は何なのか探る必要があります。

　ALPS 等の処理水の取り扱いについて政府が 2020 年 4 ～ 7 月に実施したパブリックコメントの集約結果（計 4011 件）が 10 月 23 日に明らかになりました。報道によれば、約 2700 件が安全性への懸念、約 1400 件が合意プロセスへの懸念、約 1000 件が風評影響などへの懸念を示しています。全体の 3 分の 2 が安全性への懸念を示したとなると、トリチウムや ALPS 等の処理水についての理解が広がっていない現状があるのではないでしょうか。3 分の 1 を超える意見が合意プロセスへの懸念を示したのであれば、やはり国民的な合意形成がすすんでいない現状の反映ではないでしょうか。

こうしたなかで急いで海洋放出処分を決定すれば、漁業者が最も懸念している風評被害はいっそう拡大するかも知れませんし、福島の復興が停滞することにもなりかねません。それは政府の本意ではないでしょう。小委員会の場で政府関係者は難しいと否定していますが、ALPS等の処理水を貯蔵するタンクの置き場が不足するなら、隣接する土地を購入するなり借用するなりして、置き場を確保することをもっと真剣に検討してはどうでしょうか。

　いずれにせよこういう状況では、放射線防護学者の出番はあまりありません。また、タスクフォースや小委員会の議論は透明性が確保されているのに対して、タスクフォースや小委員会の報告書を受けてからの政府の方針決定プロセスの不透明性が非常に気になります。

　さらに、政府・東電と国民との間の信頼関係が十分に醸成できていないことが、問題をいっそう複雑にしています。これはALPS等の処理水の取り扱いに限ることではなく、「モリカケ問題」、「桜を見る会」問題などに見られる国政私物化、公文書改ざん・破棄など国政に対する国民の信頼はすでに大きく失墜しています。新型コロナウイルス感染症問題しかり、日本学術会議の会員候補者任命問題しかり、ある日突然に方針が決定され国民に伝えられるのは最悪です。

　ALPS等の処理水の取り扱いについて透明性のあるプロセスで方針決定する条件がないなら、その条件が整うまでの間は、陸上保管せざるを得ないのではないでしょうか。

（野口　邦和）

参考文献

＊1　アイソトープ手帳（12版）、p.118、公益社団法人日本アイソトープ協会編集・発行（2020）

＊2　UNSCEAR「放射線とその人間への影響（UNSCEAR 1982年報告書）」放射線医学総合研究所監訳、付属書B、p.148（2002）

＊3　柿内秀樹、赤田尚史、原子力関連施設周辺での環境トリチウムモニタリングの実際、J. Plasma Fusion Res, Vol.89, p.645-651（2013）

＊4　UNSCEAR「放射線の線源と影響（UNSCEAR 2000年報告書（上））」独立行政法人放射線医学総合研究所監訳、附属書B、p.140（2002）

＊5　UNSCEAR「放射線の線源と影響（UNSCEAR 2000 年報告書（上））」独立行政法人放射線医学総合研究所監訳、附属書 B、p.112（2002）

＊6　Wikipedia，https://en.wikipedia.org/wiki/Ternary_fission

＊7　東京電力ホールディングス「多核種除去設備等処理水の取扱いに関する小委員会報告書を受けた当社の検討素案について」、2020 年 3 月 24 日

＊8　三宅泰雄監修『化学小事典（第 3 版）』三省堂編集所、三省堂発行（1987）

＊9　東京電力ホールディングス「福島第一原子力発電所における高濃度の放射性物質を含むたまり水の貯蔵及び処理の状況について（第 473 報）」、2020 年 10 月 19 日

＊10　トリチウム水タスクフォース「トリチウム水タスクフォース報告書」、2016 年 6 月

＊11　原子力規制委員会『2020 年版アイソトープ法令集（Ⅰ）放射性同位元素等規制法関係法令』公益社団法人日本アイソトープ協会編集発行（2020）

＊12　経済産業省「ALPS 処理水について（福島第一原子力発電所の廃炉対策）」、2000 年 7 月

＊13　多核種除去設備等処理水の取扱いに関する小委員会「多核種除去設備等処理水の取扱いに関する小委員会報告書」、2020 年 2 月 10 日

＊14　汚染水の浄化処理、東京電力 HP、https://www.tepco.co.jp/decommission/progress/watermanagement/purification/index-j.html

＊15　廃炉・汚染水対策チーム＋東京電力㈱福島第一廃炉推進カンパニー「サブドレン及び地下水バイパスの運用方針」、2015 年 9 月

＊16　東京電力ホールディングス株式会社「多核種除去設備等処理水の取扱いに関する小委員会報告書を受けた当社の検討素案について」、2020 年 3 月 24 日

避難指示と年 20mSv 基準をめぐって

1. 避難指示と避難指示解除

① 避難指示区域の見直し

　事故直後の避難指示対応を経て、政府は 2011 年 4 月 22 日、一律に立入禁止とする警戒区域（福島第一原発から半径 20km 圏内の地域）と計画的避難区域（同 20km 圏外で、年間積算線量が 20mSv を超えるおそれのある地域）を避難指示区域に指定しました。これにより福島第一原発の北西方向では、最大 40km を超える地域までが避難指示区域となりました。また、緊急時に屋内退避や避難をおこなえるよう準備しておくことを住民に求める緊急時避難準備区域（同 20km 圏外かつ 30km 圏内の地域の中で、計画的避難区域に該当しない地域）を指定しましたが、同年 9 月末に解除しました。

　2011 年 12 月 26 日、放射性核種の大気放出が大幅に抑制され、事故炉の圧力容器底部と格納容器内の温度が概ね 100℃ 以下になったことを受け、政府は表 1 に示す新たな避難指示区域の見直しをおこないました。2012 年 4 月 1 日以降、警戒区域と計画的避難区域は外部線量により表 1 に示す 3 区分に順次見直されました。

　復興庁によれば、避難指示区域に指定され避難を余儀なくされた 12 市町村の住民に地震・津波被災者などを加えた避難者総数は、最大で 16 万 5000 人（2012 年 5 月）にのぼりました。[1] 2020 年 10 月現在、すでに居住制限区域と避難指示解除準備区域はすべて解除されましたが、帰還困難区域は未だにごく一部の地域が例外的に解除されたに過ぎません。事故から丸 9 年経った 2020 年 3 月時点でも、4 万人を超える県民が県内外に避難しています。[1]

表1　避難指示区域の分類

帰還困難区域	事故後6年を経過してもなお、空間線量率から推定された年間積算線量が20mSvを下回らないおそれのある地域（2012年3月時点での推定年間積算線量が50mSv超の地域）
居住制限区域	空間線量率から推定された年間積算線量（2012年3月時点）が20mSvを超えるおそれがあると確認された地域
避難指示解除準備区域	空間線量率から推定された年間積算線量（2012年3月時点）が20mSv以下となることが確実であることが確認された地域

注：空間線量率から推定された年間積算線量とは、年間外部線量を意味する。

　表1から明らかなように避難指示の基準は、空間線量率から推定された年間積算線量、すなわち外部線量が20mSvを超えるか否かです。専門的すぎるため詳細は省略しますが、サーベイメータ（携帯用の放射線検出器の一種）などで測定される空間線量は周辺線量当量（1cm線量当量）であり、同じ実用量でも第1章第3節で述べた個人線量当量（1cm線量当量）より少し大きな数値になります。[*2]実効線量との関係を分かりやすく表現すれば、以下のごとくです。

　　周辺線量当量（1cm線量当量）＞個人線量当量（1cm線量当量）＞実効線量

② 避難指示解除の要件

　それなら避難指示解除の基準は、空間線量率から推定された年間積算線量が20mSv以下になることかといえば、そうではありません。原子力災害対策本部は、避難指示解除の要件として以下の（i）～（iii）を示しています。[*3, 4]

（i）空間線量率で推定された年間積算線量が20mSv以下になることが確実であること
（ii）電気、ガス、上下水道、主要交通網、通信など日常生活に必須なインフラや医療・介護・郵便などの生活関連サービスがおおむね復旧すること、子どもの生活環境を中心とする除染作業が十分に進捗すること
（iii）県、市町村、住民との十分な協議

　上記（i）～（iii）を踏まえ、避難指示を解除することになっています。今

でも「年 20mSv で避難指示を解除し住民を帰還させている」という批判を耳
にすることがありますが、避難指示解除の要件から明らかなように、それは誤
解です。年 20mSv は、避難指示解除のための要件の一つに過ぎないからです。
別の表現をするなら、年 20mSv 以下であることは避難指示解除のための必要
条件に過ぎず十分条件ではないといえばよいでしょうか。

　また、年 20mSv 以下になることが確実である（要件（ⅰ））ことに加え、子
どもの生活環境を中心とする除染作業を十分に進捗させる（同（ⅱ））のです
から、年 20mSv で解除しているはずがありません。さらにいえば、仮に上記（ⅰ）
〜（ⅲ）が満たされたとしても、帰還するか否かは個人または家族が判断し決
めることであって、政府が強制できるものではありません。

③「安全神話」にどっぷり浸かった規制機関

　福島事故の前年の 2010 年に原子力安全委員会（当時）が改訂した『原子力
施設等の防災対策について』（以下、防災指針[*5]）は、「防災対策を重点的に充実
すべき地域の範囲」（EPZ）を定め、そこに重点を置いて原子力防災に特有な
対策を講じておくことが重要であると明記しています。防災指針が、「EPZ の
めやすは、原子力施設において十分な安全対策がなされているにもかかわらず、
あえて技術的に起こり得ないような事態までを仮定し、十分な余裕を持って原
子力施設からの距離を定めたものである」（傍点の挿入は筆者）とする距離を原
発について「約 8 〜 10km」としていたことは、福島県の避難の現実を直視す
るなら、空疎きわまりないものです。

　防災指針が最初に策定されたのは 1980 年 6 月で、私の記憶によれば、この
時点ですでに原発の EPZ は「約 8 〜 10km」とされていました。その 1 年前
の 1979 年 3 月 28 日には米スリーマイル島（TMI）原発事故が、6 年後の 1986
年 4 月 26 日にはソ連（当時）チェルノブイリ原発事故が起こりました。原子
力平和利用の二大先進国の米ソで世界を震撼させた原発の大事故が起こったに
もかかわらず、防災指針は原発の EPZ を「約 8 〜 10km」としたまま福島第
一原発事故を迎えたことになります。原子力安全行政の「かなめ」として最高
の責任を負っている原子力安全委員会が、炉心溶融事故を起こした TMI 事故
や暴走事故を起こしたチェルノブイリ事故を対岸の火事と見て「安全神話」に

どっぷり浸かっていたことは犯罪的ですらあります。福島第一原発事故から1年半後の2012年9月19日、同委員会が廃止されたのは当然のことでしょう。

　日本も批准している国際条約である「原子力の安全に関する条約」は、規制機関と推進機関の分離をうたっています[*6]。規制機関であるにもかかわらず、推進機関である経済産業省の外局である資源エネルギー庁の特別の機関であった原子力安全・保安院も同じ日に廃止されました。「原子力安全委員会」に代わって新たに環境省の外局として誕生した「原子力規制委員会」と、「原子力安全・保安院」に代わって規制委員会の事務局として誕生した「原子力規制庁」が、時の政権の意向を忖度することなく規制の立場を貫徹することを、国民は心から期待しています。

2. 年20mSv基準をめぐって

① 被曝状況の分類と線量制限の原則

　避難指示の基準、または避難指示解除の基準の必要条件として年20mSvという値が何度か出てきました。それが原因か否かは分かりかねますが、「一般人の線量限度である年1mSvを年20mSvに引き上げたのではないか」という誤解が一部で生じています。引き上げるも何も、そもそも日本の法令では一般人の線量限度を規定していません。そこで本節の後半では、年1mSvや年20mSvの基準について整理しようと思います。

　国際放射線防護委員会（ICRP）は、拘束力を持たない任意団体ですが、放射線防護に関する国際的な勧告活動を通じて世界各国の放射線防護関連法規の枠組みを与えるなど、大きな影響力を持っています。「放射性同位元素等の規制に関する法律」など日本の放射線防護関連法規も、ICRP勧告を尊重し、同勧告に準拠して作られています。まだ国内法に取り入れられてはいないのですが、最新の「ICRP 2007年勧告」は、被曝状況を「計画被曝状況」「緊急時被曝状況」「現存被曝状況」の3つに分類し、それぞれの状況に応じた線量制限の原則を勧告しています[*7]。

　「計画被曝状況」は、線源が管理されており被曝が生じる前に放射線防護対策を前もって計画することができ、被曝の大きさと範囲を合理的に予測できる状

況をいいます。放射線業務従事者が日常おこなっている放射線作業などがこれに該当し、平常時の被曝状況といい換えると分かりやすいと思います。

計画被曝状況における線量制限の原則は、①「正当化の原則」（線源の導入によりもたらされる損害と便益を比較考量し、その導入の際は正味でプラスの便益があることを求める原則）、②「防護の最適化の原則」（被曝する可能性、被曝する人数、被曝する人びとの個人線量の大きさは、経済的・社会的要因を考慮して、合理的に達成できる限り低く保たれるべきであることを求める原則）、③「線量限度の適用の原則」（患者の医療被曝を除く計画被曝状況において、規制された線源からのいかなる個人への総線量も、委員会が勧告する線量限度を超えるべきでないことを求める原則）です。

医療被曝（病院などで患者が受ける被曝）を除く計画被曝状況におけるすべての行為は、必ず①正当化→②最適化→③線量限度の順で線量制限の原則を適用し、これをすべてクリアしなければならないというものです。医療被曝については、線量限度を一律に設けると患者の便益にならない可能性があり得ることから線量限度を設けず、①→②の順で線量制限の原則を適用し、これをクリアしなければならないとされています。

表2は、「ICRP 2007年勧告」の計画被曝状況における線量限度を示したものです。*7 表2から分かるように線量限度の値は、例えば放射線業務従事者の実効線量限度なら5年間の平均で年20mSv（5年間で100mSv）かつ年50mSvと勧告しています。日本の法令は、放射線職業人の中の妊娠可能な女子の実効線量限度を3か月間で5mSvと定めています。この規定はICRP勧告にはないもので、そのため妊娠可能な女子を除く放射線業務従事者について（傍点の挿入は筆者）、日本の法令では実効線量限度を5年間の平均で年20mSv（5年間で100mSv）かつ年50mSvと定めています。

表2　計画被曝状況における線量限度

限度のタイプ	職業被曝	公衆被曝
実効線量	5年間の平均として年20 mSv　かつ年50 mSv	年1 mSv
以下の組織における等価線量		
眼の水晶体	年150 mSv	年15 mSv
皮　　膚	年500 mSv	年50 mSv
手　　足	年500 mSv	―

ICRP勧告の国内法への取り入れについて審議する放射線審議会によれば、妊娠可能な女子についての規定を設けたのは、年50mSvという線量限度の規制の下では「法令上は、妊娠に気付かない時期の女性作業者が50mSvまで被曝することが起こりうることとなり、胎児が一般公衆の防護基準を大きく超えて被曝するおそれを否定できない」からです。[*8]

　一般人の線量限度については、ICRPは年1mSvの実効線量限度を勧告していますが、前述したように日本の法令では一般人の線量限度についての規定はありません。世界各国の法令を熟知しているわけではありませんが、私の知る限り、一般人の線量限度を法令で規定している国はありません。

　また、計画被曝状況においてICRPは、1990年勧告以来、「線量拘束値」という概念を導入しています。[*9]線量拘束値は、ある線源に対する防護対策を検討する場合に、当該線源からの被曝線量を最適化するための目標値です。線量拘束値は線量限度より低く設定される必要があり、ICRPは一般人について最大でも年1mSv以下とすべき、年0.3mSvを超えない値が適切であると勧告しています。放射線業務従事者については最大でも年20mSv以下とすべきであると勧告しています。

「緊急時被曝状況」は、原発の大事故や核テロの発生など制御できない線源により緊急の防護対策と長期的な防護対策が必要となるかも知れない不測の状況をいいます。現存被曝状況は、文字通り「現に存する被曝状況」のことで、管理についての決定がなされる時点ですでに被曝が存在している状況をいいます。住居内または作業場内のラドンの吸入摂取など自然放射線源による被曝状況や原発事故後の汚染地域で生活する人びとの被曝状況などが該当します。

　緊急時被曝状況や現存被曝状況においては、線量制限の原則としては、①「正当化の原則」→②「防護の最適化の原則」の順で適用しますが、③「線量限度の適用の原則」を適用せず、代わりに「参考レベル」を適用します。なぜでしょうか。

② 線量限度と参考レベル

　線源が管理されている計画被曝状況における線量限度は、これ以上の被曝をしてはいけないという被曝線量の上限値です。線源が制御できない緊急時被曝

状況と線源が管理されていない現存被曝状況においては、仮に線量限度を設けても達成できる見込みはありません。

　実際、第1章第3節で述べたように、福島第一原発事故後4か月間で1mSv未満の県民は62.2％であり、37.8％は1 mSv以上の外部被曝をしています。最大で25mSvの被曝をした人もいました。チェルノブイリ事故の際は、ベラルーシ、ロシア（19地域）およびウクライナの被害住民（9800万人）の中で、1986年末までに6.8％が1mSv以上の被曝（外部被曝および内部被曝の合計）をしました。しかも、被害集団の0.36％（34万8000人）は10mSv以上、0.0015％（1500人）は100mSv以上の被曝をしました。[*10]
　「参考レベル」は、緊急時被曝状況と現存被曝状況における防護の最適化の原則を履行するために「ICRP 2007年勧告」の中で導入された新しい考え方です（表3）。

表3　防護体系における用いられる線量限度、線量拘束値および参考レベル

被曝状況のタイプ	職業被曝	公衆被曝
計画被曝	線量限度 線量拘束値	線量限度 線量拘束値
緊急時被曝	参考レベル[1]	参考レベル
現存被曝	—[2]	参考レベル

1) 長期的な回復作業は計画された職業被曝の一部として扱うべきである。
2) 長期的な改善作業や影響を受けた場所での長期の雇用によって生じる被曝は、たとえその線源が"現存する"としても、計画被曝の一部として扱うべきである。

　原発の大事故や核テロなどの非常事態が起こった場合、規制機関は急性障害などの重大な身体的障害の発生を防止することを第一に考えて対応することになります。緊急時被曝状況と現存被曝状況において、ある線源に対する防護対策を検討する場合の、防護の最適化のための目標値となるのが参考レベルです。いわば計画被曝状況における防護の最適化のための目標値である線量拘束値に対応するものです。参考レベルを超える被曝の発生を許すような防護計画の策定は不適切であり、超えないように防護計画は策定されなければなりません。
　しかし、参考レベルは防護計画の策定段階における目標値ですから、策定された防護計画を実施した結果、実施内容の成否によっては一部の人口集団の被曝線量が参考レベルより高くなる場合があり得ます。その場合は、参考レベル

を超えた人口集団の被曝線量が参考レベルを下回るようにする次の防護計画の策定と実施が規制機関に求められることになります。

　ICRPは、参考レベルについて線量限度のような一律の値ではなく幅をもたせ、緊急時被曝状況においては短期または年間の線量として20〜100mSv、現存被曝状況においては同1〜20mSvの範囲を勧告しています。実際に20〜100mSvまたは1〜20mSvの範囲のどこに参考レベルを設定するかについては、個々の状況に応じて防護計画を策定する規制機関が具体的に決めることになります。

③ 福島第一原発事故の際の参考レベルについて

　避難指示の基準の話に戻りましょう。事故直後の福島第一原発の周辺地域はまさに緊急時被曝状況下にありました。政府は、早急に避難指示区域を設定する必要に迫られました。本節の冒頭で述べたように2011年4月22日、政府は警戒区域（福島第一原発から半径20km圏内の地域）と計画的避難区域（同20km圏外で、年間積算線量が年20mSvを超えるおそれのある地域）を避難指示区域に指定しました。避難指示の基準として政府が採用した年20mSvは、ICRPが勧告する緊急時被曝状況における参考レベルの範囲である短期または年間の線量20〜100mSvの下限値に相当します。

　例えば、仮に年30mSvを避難指示の基準とした場合、避難すべき県民の人数は減ったでしょうが、一方で年30mSvの被曝を許容するのかという強い批判の声が当然あがったことでしょう。原発大事故という初めての事態に直面し、政府はおそらく批判を受けにくい年20〜100mSvの下限値を避難指示の基準としたのでしょうが、その妥当性については十分に検証される必要があります。

　次に、避難指示解除のための必要条件である年20mSvの問題です。避難指示解除の要件から明らかなように、外部線量が年20mSv以下になることが確実であることに加え、子どもの生活環境を中心とする除染作業を十分に進捗させる必要があります。それなら外部線量が年1〜20mSvの範囲のどこまで下がれば除染作業が十分に進捗したと判断するのかという個人線量の数値基準を示すべきではなかったでしょうか。参考レベルという用語を使うならば、避難指示解除のためにおこなう除染作業の参考レベルです。

個人線量が年10mSvなのか、年5mSvなのか、あるいはもっと低いレベルの数値なのかが公表されないまま避難指示解除がおこなわれました。こうした姿勢は政府に対する避難住民の不信感を増幅させることに繋がったとはいえないでしょうか。この問題についても、福島第一原発事故後10年経とうとしている現在の時点で、冷静に検証されるべきでしょう。

　2011年4月19日、文部科学省は「福島県内の学校等の校舎・校庭等の利用判断における暫定的考え方について」（以下、「暫定的考え方」）を福島県教育委員会等に発出しました。「暫定的考え方」は、「幼児、児童及び生徒（以下、児童生徒等）が学校に通える地域においては、非常事態収束後の参考レベルの1〜20mSv/年を学校の校舎・校庭等の利用判断における暫定的な目安とし、今後できる限り、児童生徒等の受ける線量を減らしていくことが適切であると考えられる」と述べています。[*11]

　また、屋内（木造建物）で16時間、屋外で8時間を過ごす生活様式を想定し、年20mSvに達する空間線量率は屋外で毎時3.8μSv、屋内（木造建物、放射線透過係数0.4を仮定）で毎時1.52μSvとしたうえで、この数値を下回る学校では平常通りの活動、屋外で毎時3.8μSvを上回る学校では校庭の活動を1日に1時間程度に制限するように県教育委員会に通知しました。この通知では、現存被曝状況における参考レベルの範囲である短期または年間の線量1〜20mSvの中のどの値を文科省が参考レベルにしたかが不明です。

　しかし、「暫定的考え方」に対し、当時「子どもに年20mSvの被曝を許容するのか」という強い批判があったのを私は記憶しています。詳細は参考文献*12に譲りますが、1日のうち屋外で毎時3.8μSvで8時間、屋内で毎時1.52μSvで16時間過ごすと、年実効線量は20mSvではなく14mSvになります。[*12]そのうえ、実際の学校の校庭や校舎内の空間線量率はもっと低い値でした。例えば、2011年4月末、二本松市（県北地域）の県立安達高校での校庭の空間線量率は毎時2μSv前後、最大でも毎時2.5μSv、校舎内は毎時0.15μSv前後でした。[*12]

　東日本大震災・福島第一原発事故という未曽有の大災害により世の中が混乱していたうえ、事故直後の政府の対応が不十分きわまりないなかで、多くの国民は事態を冷静に受け止めることができない状況に陥りました。こうした状況が的外れな批判の背景にあったと思います。事故後の復興期において、参考レ

ベルをどう設定し、関連する住民にどう伝えるか。この問題も大いに検証される必要があると思います。

（野口 邦和）

参考文献

＊1 復興庁「避難者数の推移」（復興庁 2020/3/31）、https://www.reconstruction. go.jp/topics/main-cat2/sub-cat2-1/200331_hinansha_suii.pdf

＊2 環境省放射線健康管理担当参事官室・国立研究開発法人量子科学技術研究開発機構『放射線による健康影響等に関する統一的な基礎資料（令和元年度版）』上巻（2020 年）、40 〜 41 頁

＊3 原子力災害対策本部「ステップ 2 の完了を受けた警戒区域及び避難指示区域の見直しに関する基本的考え方及び今後の検討課題について」（2011 年 12 月26 日）、8 頁

＊4 原子力災害対策本部「原子力災害からの福島復興の加速に向けて」改訂（平成 27 年 6 月 12 日）、6 頁

＊5 原子力安全委員会「原子力施設等の防災対策について」（2010 年）、13 〜 14 頁

＊6 原子力の安全に関する条約（1996 年 10 月 18 日政令第 11 号）, https:// www.nsr.go.jp/data/000110521.pdf

＊7 国際放射線防護委員会『国際放射線防護委員会の 2007 年勧告（ICRP Publication 103）』（社団法人日本アイソトープ協会翻訳・発行、2009 年）

＊8 放射線審議会事務局「女性の線量限度に関する現状の整理について」（第144 回放射線審議会資料 144- 2- 1 号、2019 年 3 月 15 日）

＊9 国際放射線防護委員会『国際放射線防護委員会の 1990 年勧告（ICRP Publication 60）』（社団法人日本アイソトープ協会編集・発行、1991 年）

＊10 UNSCEAR「UNSCEAR 2008 年報告書（日本語版）」（第 2 巻 影響、科学的附属書 D、2013 年）、139 頁

＊11 文部科学省「福島県内の学校等の校舎・校庭等の利用判断における暫定的考え方について」（2011 年 4 月 19 日）

＊12 野口邦和『しあわせになるための「福島差別」論』（共著、かもがわ出版、2018 年）、127 頁

第4節

スクリーニングによる甲状腺がん「多発見」と過剰診断問題

1. スクリーニングを行ってはいけない「がん」がある

2011年3月11日時点でおおむね0～18歳だった福島県の子どもたちを対象に甲状腺超音波検査が行われ、200人以上の方々に「がん」が見つかっています。この結果をどう考えたらいいのでしょうか。

福島県の甲状腺検査のように、症状がない人を対象にして行う検査を「スクリーニング」（検診）と言います。スクリーニングは「早期発見」のために行うと思っている人が多いのですがそうではなく、スクリーニングが有効なのは「集団全体において、そのがんの死亡率が低下した」ものだけです。

がんの研究で明らかになったことの1つが、「がんの進行度にはばらつきがある」ということです。スクリーニングが有効か否かを判断するうえで、このことはとても重要です。がんには、「進行があまりにも速いため、すぐに症状が出て死に至るがん」から、「まったく進行せず、心配しなくていいがん」まで、成長速度がさまざまなものがあります。これを単純化したのが図1です。[*1]

4本の矢印は成長速度の違いで分類した4種類のがんを示し、矢印は4本とも、がんが異常な細胞として成長をし始める時点から始まっています。成長の速いがん（①）は、すぐに症状が出て死に至ってしまいます。がんの成長があまりに速く、スクリーニングを毎日のように行うわけにもいかないため、このようながんが往々にして検査と検査の間に発生して見逃されてしまいます。ところが、ゆっくりと成長するがん（②）は、いずれは症状が出て死に至りますが、それまでに何年もの時間がかかります。そのため、このタイプのがんはスクリー

図1　進行の速さが異なる様々な「がん」

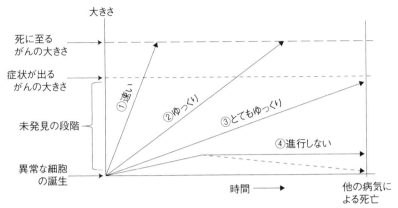

出典：Welch & Black, *J. Natl. Cancer Inst.*, Vol.102, pp.605–613（2010）を参考に作成

ニングで最大のメリットを得ることができます。

　一方、あまりにゆっくり成長するため、何の問題も引き起こさないがん（③）
もあります。このようながんは、がんそのものが大きくなって症状が出るより
前に、患者は別の病気で亡くなってしまいます。さらに、非進行性のがん（④）
の場合は、まったく成長しないのですから何の問題も起こりません。顕微鏡で
見れば「がん」の病理学的定義にあてはまる異常があっても、このようながん
は症状を起こすほど大きくはなりません。それどころか④の下の点線のように、
いったん成長しても退縮することがあることも分かってきています。

　4つのタイプのうち、スクリーニングが有効なのは②だけです。②のがんは
ゆっくりと成長し、症状が出て死に至るまでに何年もの時間がかかるからです。
胃・大腸・肺・子宮頸部などのがんは②が多いので、スクリーニングによって
症状が出る前に発見して治療すれば、がん死を減らすことができます。

　ところが、甲状腺がんはほとんどが③と④であることが分かってきました。
そのため、スクリーニングは有効ではありません。まれに高齢者で①のタイプ
の未分化がんが見つかりますが、これもスクリーニングは有効でありません。

2．甲状腺がんはとても変わった「がん」である

　甲状腺は「のどぼとけ」のあたりにあり、細胞でのエネルギー代謝を活発にする働きを持つ甲状腺ホルモンを合成・分泌しています。ヨウ素はこのホルモンの材料なので、甲状腺は血液中からヨウ素をさかんに取り込んでいます。ちなみに甲状腺という名前は、その形が甲（かぶと）に似ていることに由来するそうです。

　原子力発電所で大事故が起きると、炉心にたまっている放射性ヨウ素（ヨウ素（I）131など）が漏れ出してきます。放射性ヨウ素も非放射性ヨウ素も化学的な性質は同じですから、私たちのからだは両者を区別することができません。そのため放射性ヨウ素も甲状腺に取り込まれ、そこで放射線を出して甲状腺細胞を内部被曝させることになってしまいます。

　なお、甲状腺被曝がもたらす発がんリスクは5歳までにほぼ限定され、5歳を超えるとリスクが低くなること、成人ではバセドウ病の治療などで放射性ヨウ素を投与しても甲状腺がんのリスクが高くならないことが分かっています。

　日本人の甲状腺がんの大部分は「乳頭がん」というタイプで、とても変わった性質があります（表1）。若い人のがんは一般的に、「進行が速く、予後が悪い」といわれています。ところが甲状腺がんは、若い人では特に予後が良く、命を奪うことはほとんどありません[*2]。

表1　甲状腺がん（乳頭がん）の特徴

1	生存率が非常に高い
2	低危険度がんの進行はきわめて遅く、その多くは生涯にわたって人体に無害に経過する
3	若い人で見つかる乳頭がんは、ほとんどが低危険度がんである

出典：Takano, T., *Endocr. J.* EJ17-0026, Feb. 2（2017）を参考に作成

　亡くなった方の遺体を解剖して調べることを「剖検（ぼうけん）」といい、剖検で見つかるがんのことを「潜在（せんざい）がん」といいますが、甲状腺は潜在がんがとても多い臓器として知られます。フィンランドで剖検した人の35.6％で甲状腺がんが発見され[*3]、日本でも11.3〜28.4％で潜在がんが見つかっています[*4,5]。これらのことから、甲状腺がんがあっても寿命が尽きるまで何も起きないものが多い、とい

うことが分かります。

このような甲状腺がんを発見することは、無駄というだけにとどまらず、「過剰診断」（決して症状が出たり、そのために死んだりしない人を、病気であると診断すること）という重大な問題につながります。

3. 甲状腺がんの「常識」が2014年を境に大きく変わった

旧ソ連・チェルノブイリ原発事故の後、約6000人の子どもたちで甲状腺がんが発見されましたが、その当時は過剰診断の問題は指摘されていませんでした。それは、2014年に甲状腺がんに関する重要な研究成果があいついで発表され、この年を境にして甲状腺がんの「常識」が大きく変わったからです。

1つめは、神戸市の隈病院で行われた経過観察での、驚くべき結果です。甲状腺乳頭がんのうち、最大径が1cm以下のものを「微小がん」といいます。最近、さまざまな画像検査によって、遠隔転移や局所浸潤のない微小がんが非常にたくさん、偶発的に見つかっています。同病院の宮内昭は、このようながんを見つけ次第手術することが、患者にとって本当に良いことなのかと疑問を持ち、むしろ多くの患者が不必要な手術を受けているのではないかと考えました。

宮内は、低リスクの微小がんはすぐに手術せず、経過観察することを治療の選択肢として提案し、同病院では1993年からそれが開始されました。1235人で約20年の経過観察が行われ、誰一人として甲状腺がんで亡くならず、がんが有意に成長したのも8％にすぎませんでした。癌研病院も1995年に経過観察を開始し、同様の結果を報告しています[*7]。

2つめは、韓国で起こった過剰診断です。韓国では1999年から安価で超音波検診が受けられるようになり、甲状腺検査数も急増していきました。

これにともなって、図2のように甲状腺がんの発生率（ある集団で一定期間に疾病が発生した率。罹患率ともいう）が急上昇し、2011年には1993年の15倍になりました。そのほとんどは予後が良い乳頭がんで、甲状腺がんによる死亡率は変わっていません。すなわち微小がんをスクリーニングで見つけて手術で切除しても、甲状腺がんによる死を減らさなかったのです。

この結果は、症状がない人に甲状腺スクリーニング検査を行った結果、たく

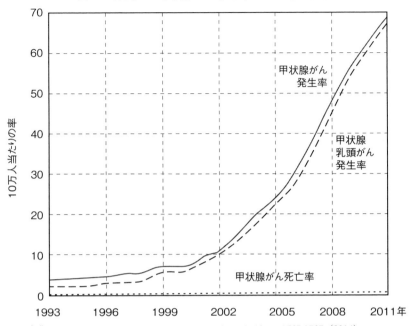

図2　韓国での甲状腺がん罹患率・死亡率の推移

（縦軸：10万人当たりの率、横軸：1993〜2011年）

甲状腺がん
発生率

甲状腺
乳頭がん
発生率

甲状腺がん死亡率

出典：H. S. Ahn *et al.*, *N. Engl. J. Med.*, Vol.371, No.19, pp.1765-1767（2014）

さんの過剰診断が起こってしまったことを示しています。その一方で、手術に
ともなって11％の人で副甲状腺機能低下症、２％で声帯につながる神経の損
傷が起こるなど、深刻な後遺症が発生しました。Ahn らはこれをふまえて、
甲状腺スクリーニングは見直すべきだと指摘しました。[8]

　同様のことが米国でも起こりました。検査技術の向上によって、それまでは
検出できなかった微小サイズの甲状腺がんが検出できるようになり、それに
よって発生率が上昇したのです。そして、見つかった甲状腺がんの75％が１
cm 以下の微小がんであったのに、患者のほとんどは甲状腺のすべてを摘出す
る手術を受けており、韓国と同様に後遺症が残りました。Davies と Welch は
このような過剰診断を防ぐために、１cm 以下の甲状腺乳頭がんはただちに異
常所見とは分類すべきでないと指摘しました。[9]

　甲状腺微小がんのうち、60％以上で頸部リンパ節への転移が顕微鏡で見つ
かったという論文も出されました。[10] 微小がんはれっきとしたがんで早期に転

移を起こすのに、命を奪うようながんには成長しないのです。超音波でしか見つけられない微小ながんは、手術しても無駄だったということも示されました。

2013年までは、小さな甲状腺がんが悪性化していって、がん死を引きおこすというのが「常識」でした。そのため、早めに見つけて手術で取ってしまえば、がん死を防ぐことができると考えられていました。ところが2014年に、そういった考えは間違いであって、甲状腺がんの多くは転移していても一生悪さをせず、こうしたがんは手術してはいけないことが、「新しい常識」となりました。

甲状腺検査が過剰診断という重大な問題を起こすことが明らかになったことをふまえて、甲状腺がんの診断をめぐって注目すべき出来事が相次ぎました。

1つは、米国甲状腺学会の「甲状腺結節と甲状腺分化がん取り扱いガイドライン」の変更です。変更前は細胞診で乳頭がんと診断された場合、当然のように手術が行われていました。しかし変更後は、1cm以下の微小乳頭がんでリンパ節転移や局所進展がないものは、たとえ画像上でがんを疑っても細胞診による診断をしないことが推奨されました。また、たとえ甲状腺がんと診断されてもすぐに手術を行うのではなく、経過観察も選択肢になりました。[*11]

もう1つは、米国予防医学専門委員会（USPSTF）が、症状がない人への甲状腺検診は、本来は放置しても問題のないものを掘り起こすだけで有害無益の可能性が高いため、「症状がない人への甲状腺検診は行うべきではない」という勧告を出したことです。[*12,13]

4. 「被曝が原因ではない」ことを示すさまざまなデータ

福島県の子どもたちで見つかっている甲状腺がんが、「被曝が原因ではない」ことを示すさまざまな証拠があります。

福島第一原発事故とチェルノブイリ原発事故によるI-131の放出量を、世界のさまざまな研究グループが推定しています。それによると、福島第一原発事故による放出量はチェルノブイリ原発事故のおよそ10分の1でした。[*14]

チェルノブイリ原発事故後、ベラルーシでは約3万人の子どもたちが1000mSvを超える被曝（甲状腺等価線量）をして、最大は5900mSvでした。一方、福島はそれより2桁少なく、最大で50mSv程度だったと考えられています。

図3は、チェルノブイリ原発と福島第一原発の事故後に見つかった甲状腺がんの、年齢分布を示したものです。[*15] チェルノブイリ原発事故後は事故時の年齢が低いほど甲状腺がんが多く見つかり、年齢が上がるにつれて低下しています。ところが福島第一原発事故後は５歳以下で甲状腺がんは見つかっておらず、10歳前後から年齢の上昇とともに甲状腺がんが増えていました。このように、甲状腺がんの年齢分布も２つの事故でまったく異なっています。[*16]

図３　甲状腺がんの年齢分布の比較

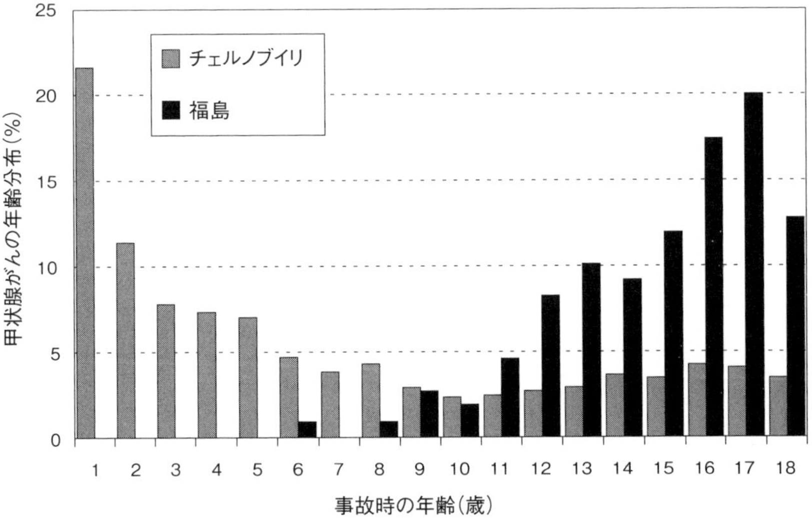

出典：D. Williams, *Eur. Thyroid J.*, Vol.4, No.3, pp.164-173（2015）.

　なお、チェルノブイリ事故後の子どもの甲状腺がんの年齢分布をくわしく見ると、10歳を超えるあたりから少しずつ増加しています。この増加は放射線被曝とは関係がなく、年齢が上昇するにつれて増えてくる甲状腺がんによると考えられます。すなわち、チェルノブイリ原発事故後にも過剰診断が起こっていたことが示唆されます。
　甲状腺がんの存在率（ある時点での集団の中で病気の人の数を、集団に属する人の総数で割った値。有病率ともいう）と、原発事故による被曝量の関係も調べられました。福島県を外部被曝線量が低い・中程度・高いという３つの地域に分

け、それぞれの地域で甲状腺がんの存在率を比較したところ、被曝量が多いほど存在率が高いという関係（線量反応関係）は見つかりませんでした。[*17]

　また、被曝してから甲状腺がんが見つかるまでの間には、時間の遅れが見られます。チェルノブイリ原発事故の後でも、4年以内に過剰発生は見られていません。さらに、被曝線量が少ないほど時間の遅れが長くなることも知られています。ところが福島では、事故後4年以内ですでに甲状腺がんが見つかっています。このことも、被曝が原因ではないことを示しています。

5．福島での甲状腺スクリーニングはただちに中止を

　国連科学委員会をはじめ多くの専門機関は、福島県の子どもたちに見つかった甲状腺がんは放射線によるものではないと判断しています。つまり、スクリーニングが原因であり、甲状腺がんの発見が過剰診断だったことを意味しています。このことはただちに重大な被害に結びつきます（表2）。[*18]

表2　甲状腺がん（乳頭がん）の特徴

1	小児甲状腺がんで命を取られることはまずないのに、世間一般では明日をも知れぬ命とみなされてしまう
2	10代でがん患者のレッテルを貼られたまま、進学、就職、結婚、出産といった人生の重大なイベントを乗り越えていくハンディは並大抵のものではない
3	子どもたちは人生のイベントごとに「手術しようか、どうしようか」と決断を迫られることになる
4	医学知識のない人に「放射線でがんになったのに、治療せずに放置するやっかいな子」と誤解され、就職や結婚に影響してしまう可能性がある
過剰診断の被害は診断された時点で起こる。それは子どもに対する人権侵害であり、被害は極めて深刻である	

出典：高野徹，日本リスク研究学会誌, Vol.28, No.2, pp.67-76（2019）に基づいて作成

　こうした状況をふまえて国際がん研究機構（IARC）は2018年9月、「原発事故後の甲状腺スクリーニングを実施することは推奨しない」とする提言を出しました。つまり、もし今後に原発事故が発生したとしても、「福島県のような集団での甲状腺検査を行うべきではない」ということです。IARC提言は福島の検査には言及していませんが、その内容を読めば、甲状腺スクリーニング

は中止する必要があるという意味だと判断できます。

　学校で流れ作業のように超音波検査を行う現在の甲状腺スクリーニングは、ただちに中止すべきと考えます。また、甲状腺がんが見つかった子どもたちには、生涯にわたって公費による医療を行うことも必要と考えます。

（児玉 一八）

参考文献と注

＊ 1　Welch,H.G.& Black,W.C., *J. Natl. Cancer Inst.*, Vol.102, pp.605 ～ 613（2010）

＊ 2　Takano, T., *Endocr. J.*, EJ17-0026, Feb. 2 (2017)

＊ 3　Harach, H. R. *et al., Cancer*, Vol.56, No.3, pp.531 ～ 538（1985）

＊ 4　Fukunaga, F. H. *et al., Cancer*, Vol. 36, pp.1095 ～ 1099（1975）

＊ 5　Yamamoto, Y. *et al., Cancer*, Vol.65, No.5, pp.1173 ～ 1179（1990）

＊ 6　Ito, Y. *et al., Thyroid*, Vol.24, pp.27 ～ 34（2014）

＊ 7　Sugitani, I. *et al., World J. Surg.*, Vol.34, pp.1222 ～ 1231（2010）

＊ 8　Ahn, H. S. *et al., N. Engl. J. Med.*, Vol.371, No.19, pp.1765 ～ 1767（2014）

＊ 9　Davies, L. and Welch, H. G., *JAMA*, Vol.295, No.18, pp. 2164 ～ 2167（2006）

＊10　Wada, N. et al., *Ann. Surg.*, Vol.237, pp.399 ～ 407（2003）

＊11　伊藤康弘・宮内昭, 内分泌甲状腺外会誌, Vol.32, No.4, pp.259 ～ 263（2015）

＊12　US Preventive Services Task Force, *JAMA*, Vol.317, No.18, pp.1882 ～ 1887（2017）

＊13　Lin, J. S. *et al., JAMA*, Vol.317, No.18, pp.1888 ～ 1903（2017）

＊14　国連科学委員会『2013 年報告書』

＊15　Williams, D., *Eur. Thyroid J.*, Vol.4, pp.164 ～ 173（2015）

＊16　事故後の最初の 3 年間に見つかった、事故時の年齢ごとの甲状腺がん症例の年齢分布。それぞれで見つかった全甲状腺がん症例数に対する各年齢での症例数の割合を示しており、チェルノブイリと福島での甲状腺がんの発見数の比較はできない。

＊17　Ohira, T. *et al., Medicine,* Aug;95（35）:e4472（2016）

＊18　高野徹、日本リスク研究学会誌、Vol.28, No.2, pp.67 ～ 76（2019）

第3章

これからどうする
原子力発電

シビアアクシデントの危険は
なくなったのか

1. 新規制基準と適合性審査

　福島第一原発事故直後の 2012 年、政府は環境省の外局として、行政権限を持つ「原子力規制委員会」を発足させ、同委員会は 2013 年新規制基準を公表し、同年 7 月より、新規制基準に基づいて再稼働の申請があった原発の適合性審査を開始しました。審査の結果、現時点で（2020 年 10 月 1 日）、日本の原発（軽水炉）は廃炉となったもの 21 基（事業者の自主的廃炉も含む）、適合と認め運転を認可されたもの 16 基、審査中のもの 11 基、未申請 8 基となっています。適合性が認められた原発は、はたして再び福島第一原発事故のような深刻な事故を繰り返さないでしょうか。

　規制委員会は、2018 年に公表した「実用発電用原子炉に係る新規制基準の考え方について」の中で、新規制の考え方を詳しく説明しています。これによると新基準の基本は、①これまで要求されていなかったシビアアクシデント対策を規制の中心にすえたこと、②地震・津波の想定手法の見直しなど、自然災害を重視したこと、③事故の共通の原因となる内部火災、溢水などを重視したこと、④電源車など可搬性安全施設の多用も含めて安全施設の多重化・多様化を行ったこと、⑤テロ対策を具体的に要求したこと、などとしています。さらに、旧制度において規制と推進を同じ通産省（当時）が掌握していたため、融着していると批判されていた点を意識して、新体制の「独立性、中立性、専門性」を標榜しています。

　「シビアアクシデント」（重大事故、過酷事故とも言う）とは、原発の設計者が

起こりうると想定した事故（設計基準事故）を超える事故、いうならば既設の安全装置では収束できない事故をいいます。シビアアクシデントが発生すれば、多くの場合、原発事故の最終ゴールである炉心溶融、大量の放射能放出にまで至ります。旧基準では根拠もなしにシビアアクシデントは「起こりえない」と断定して事業者に対応策を要求せず、その結果、福島第一原発事故では無為無策のまま炉心溶融・放射能大量放出をひき起こしました。新基準がシビアアクシデント対策を重視したのは当然です。

　それでは全体的に見て、この新規制基準の問題点はどこにあるのでしょうか。以下列挙します。

（a）新規制基準では主に耐震設計や、炉工学的安全性などに関して、専門家が判断するのは当然だとしていますが、原子力を利用するか否かは、核燃料サイクルの問題（高レベル放射性廃棄物の処分など）、エネルギー問題などを含めて、総合的な国民的合意の形成が必要なはずです。ところが新規制基準は、その制定の際にパブリックコメントと称して、一方通行的に国民の声を聞くにとどめており、とても国民合意の原子力利用とは言えません。

（b）シビアアクシデント発生の際の住民の避難については、適合性審査ではまったく触れていません。規制委員会は新基準が国際原子力機関（IAEA）の深層防護の考え方に合致しているとしていますが、IAEA は深層防護の第5層として「住民避難等による放射線防護対策」を定めています。新基準はその意味で最初から第5層を欠く欠陥規準なのです。

（c）福島第一原発事故現場で溶融炉心（デブリ）の処置に全く手が付けられていないことを考えるならば、当然すべての原発に溶融炉心を処置するための装置であるコアキャッチャーを設置するよう要求して当然ですが、それはしませんでした。また、福島第一原発事故を起こした「沸騰水型炉」（BWR）は、「加圧水型炉」（PWR）に比べてコンパクトに作られており、福島で証明されたように冷却機能が失われるとたちまち格納容器内が高温高圧になる、欠陥設計の原子炉です。ところが規制委員会は設計上のこの本質的な欠陥には目をつぶり、「代替循環冷却系」と「フィルターベント」装置を付加することによって、審査を通過させました。

その他の点でも、お金がかかる、あるいは実現が難しいことは要求しませんでした。このような現実妥協の姿勢は適合性審査を通じて一貫しています。これで事故・災害は防げるのか疑問です。本節では福島第一原発事故のＢＷＲを中心に具体的に審査の問題点を見ていきましょう[*1]。なお、ここではＰＷＲについては立ち入りませんが、ＰＷＲはＢＷＲに比べて複雑なシステムであり、発生する可能性のあるシビアアクシデントのタイプは多岐にわたり、シビアアクシデント対策も複雑であるという困難をかかえているといえます。

２．適合性審査の問題点

① 住民を放射能にさらす危険なベント

福島第一原発事故からも明らかになったように、シビアアクシデントの際に生じる高温高圧のガスを閉じ込めておくには、ＢＷＲの格納容器は小さく、このため事故の進行に従って放射能を含むガスを人為的に格納容器から環境に放出する必要があり、これを「ベント」と呼んでいます。ベントにはフィルターを通して放射能を1000分の１程度に下げるフィルターベントと、フィルターを通さず直接放出する耐圧強化ベントの２つの経路があります（23ページの図参照）。

福島第一原発事故以前には、事故収束のため放射性物質を放出するなどということはあまり考えませんでしたが（事故時の手順書などには記載されていた）、新規制基準では、放射能を環境に放出するベントが「標準仕様」になっています。つまり運転員は、事故発生の際、まずはベントを考えます。その意味で、昔のうたい文句「止める、冷やす、閉じ込める」は「止める、冷やす、放出する」に変わったわけです。

適合性審査で、事業者は「炉心損傷後には耐圧強化ベントは使わない」といっていますが[*2]、使わないのであれば、格納容器に穴をあけるような耐圧強化ベントシステムをなぜ残しておくのでしょうか。事故の際、フィルターは詰まる可能性があります。そのような場合、やはり耐圧強化ベントの「穴」を通して、福島第一原発事故級の大量の放射能を環境に放出する可能性は避けられません。また、ベントでは高温高圧のガスが原子炉システムの一部を高速で流れま

す。これを本当に制御できるのか、前述の福島第一原発事故の検証例（第1章第1節参照）を見れば、きわめて疑問です。

② 確率論的リスク評価－安全目標は信頼できない

適合性審査において、どのようなシビアアクシデントが起きるかを洗い出すために、「確率論的リスク評価」（PRA）という手法を用いています。しかしこの手法については、信頼できるのかどうか常に疑問が付きまといます。たしかに、Aというポンプの故障発生の確率とBという弁のそれを比較するというような場合は、かなり正確なことがいえます。しかし、ある規模の地震発生の確率のように、極めて信頼性の低い確率もあります。したがって、さまざまな事故の中で、崩壊熱除去失敗の割合が極めて大きいというような結論（相対的確率）は、ある程度信頼できますが、シビアアクシデントが年に何回発生するかの確率（絶対的確率）がある安全目標以下である、といった結論は信頼できません。

例えば、規制委員会内部の議論でも「確率論的リスク評価には不完全性や不確実性がある。（中略）確率論的リスク評価の絶対値のみを算出し、これを直接用いて、安全の目標などと一対一に大小を照らし合わせることで施設の安全性を判断することは適切でない[*3]」と述べています。にもかかわらず、「炉心損傷頻度（目標）：10^4／年より小さい」といった記述が登場し、一人歩きし、安全性の宣伝に用いられています。適切でないならば、このような数字は一切出さないようにすべきです。

③ 水素爆発は防げるか

ある混合割合の水素と酸素の爆発である「爆轟（ばくごう）」のすさまじさは、福島第一原発事故を見ればよくわかります。BWRでは、TMI事故の教訓から、水素爆発防止のために福島第一原発事故以前から、格納容器に窒素ガスを充てんすることになっていました。しかし福島第一原発では、格納容器ではなく予想していなかった原子炉建屋内に水素が漏れ出し爆発が起きました。水素爆発は、燃料被覆管にジルコニウム合金を使用する軽水炉に共通する設計上の欠陥です。ジルコニウムは、高温になると水を分解して水素を発生します。

例えば、ステンレスを使えば発生しません。今回の審査では、ＰＷＲもＢＷ
Ｒも発生する水素除去の目的で、水素再結合器を増設することで審査をパスし
ています。しかし、もともとこの装置は、水の放射線分解で発生する比較的少
量の水素を除去するためのものです。シビアアクシデントの際のジルコニウム
水反応による大量かつ急速に発生する水素を、再結合器の増設によって本当に
除去できるのか、きわめて疑問です。

④ 可搬型施設は有効か

　規制委員会は、適合性審査結果の１つの特徴は可搬型の安全施設を多用した
ことである、と述べています。つまり、注水車、電源車などを多数配置して、
それを自在に活用すれば地震による破壊などもカバーできるということです。
しかし、本当にそうでしょうか。

　第１章第１節で福島第一原発事故の際、消防車による原子炉配管への注水が、
後で調べたら、ほとんど外部に流出していたため、炉心に届いていなかったと
いう東電の報告を紹介しましたように、臨時の可搬型装置はいかにも柔軟性が
ありそうに見えて、信頼性はありません。給水車が１台あれば、「どんなポン
プが故障してもこれで代替できます」というような説明を受け入れているよう
では困ります。さらにいえば、どのような理由（例えば、地震による損傷回避）
があろうとも、臨時の安全装置を付加しなければ深刻な事態を避けられないと
いうのは、やはり設計の欠陥性を示しているといえるでしょう。

⑤ 代替循環冷却系－ＢＷＲの欠陥設計のしりぬぐい

　ＢＷＲの格納容器の体積は、ＰＷＲのそれに比べて５分の１程度と極端に小
さく、事故の際、内部の圧力は耐圧限界を超えて格納容器が破損するおそれが
あります。これを防ぐために設けられたのが圧力抑制室（事故を起こしたＢＷ
Ｒ－Ｉ型ではドーナッツ形の構造物）です。具体的にいうと、炉心が過熱して圧
力容器内の圧力が上がると、逃がし安全弁が自動的に開いて、圧力容器からの
蒸気が圧力抑制室に吹き込まれ、そこで凝縮します（体積も大幅に小さくなりま
す）。しかしそのたびに、抑制室内の水の温度は上昇、高温になり、圧力を下

げる役目を果たせなくなります。抑制室から熱を取り除き温度を下げなければ、炉内で発生する熱を外部に捨てることもできなくなります。これはＢＷＲ設計上の重大な欠陥です（福島第一原発事故ではまさにこの現象が起こりました）。

適合性審査では、この欠陥を除くため、「代替循環冷却系」と呼ぶ新たな冷却システム（圧力抑制室から熱をくみ出す装置）を新設することを条件に、ＢＷＲの運転を許可しました。この装置は、抑制室の水を取り出し、熱交換機に通し温度を下げたうえで、これを再びスプレー系などに戻して格納容器を冷やし、また、熱交換機からは注水車を用いて熱を除去するというシステムです。

確率論的リスク評価によるとＢＷＲのシビアアクシデントの 99.9％以上が崩壊熱除去失敗であり、格納容器を極端に小さくしたＢＷＲの設計方針が、ＢＷＲのアキレス腱となりました。この設計の誤りに目をつぶって、しりぬぐい的に代替循環冷却系を取り付けるだけで、再稼働を許可した規制委員会の見識を疑います。

⑥ 恐ろしいケーブル火災、手探り運転の水位計

1975 年に米国のブラウンズフェリー原発で、ろうそくの火が電線の被覆材などに燃え移り、原子炉の冷却が困難になるなど深刻な事故が発生しました。規制委員会は既設のものを含めて、すべての可燃性の電気配線を難燃性のケーブルに交換することを要求しました（このように遡って適用することをバックフィットといいます）。しかし現実問題として、蜘蛛の巣のように引き回してある配線をすべて交換することはきわめて困難です。

電力側は、すべて交換することは誤配線の危険性もある、既設のケーブルに難燃性塗料をぬることなどで勘弁してほしいなどと抵抗しました。規制委員会は当初は、原則は曲げられないと譲歩しませんでしたが、最終的にはこれを認めました。このように、審査の中でいったんは要求を突き付けながら、結局は譲歩したケースがかなりみられます。

福島第一原発事故ではすべての原子炉の水位が明確でなく、運転員は３号炉が危ないと思っていたのに、1 号炉が最初にメルトダウンしました。このように原子炉内の水位は事故が発生した場合の最も重要な情報です。ＢＷＲの水位計は、「Ｕ字管」タイプのもので、政府事故調なども問題にしていたように、

事故にともなう炉内の激しい圧力などの変動がある場合、全く信頼できません。

⑦ 軽視された老朽化問題

現在の規制基準では、原発は40年の運転期間があり、審査を受けたうえで、1回だけ上限20年の運転延長が認められています。規制委員会は、現在、関西電力美浜3号機、高浜1、2号機、日本原電東海第二の4基に対してこの運転延長の認可を出しています。

しかし、上限20年の運転延長許可方針は、2015年に「運転認可制度について」という会議を1回行っただけで、その内容も公開されておらず、唐突に出された感じがあります。特にＢＷＲでは、寿命末期には中性子照射による圧力容器の脆性破壊という危険な事故発生の可能性が指摘されており、規制委員会の安易な運転期間延長方針には強い疑問を感じます。

⑧ 福島第一原発事故を繰り返す危険はなくなったか

私は危険はなくなったとは思いません。巨大な地震・津波が襲来して（津波は防潮堤を越えて）、ステーション・ブラックアウトが発生したとします。本質的な欠陥を抱えているＢＷＲでは、格納容器と圧力抑制室は再び高温高圧の蒸気であふれかえります。その際、規制委員会が設置を命じた代替循環冷却系がうまく働いて、熱を外部に逃がしてくれるでしょうか。実証されていない装置であり、うまく働かない可能性は十分にあります。

このようなリスクを前提に再稼働を許可した規制委員会は、どうやら標榜する「独立性、中立性、専門性」を捨て去って、住民の味方ではなく産業界に加担する組織といえるでしょう。

（舘野　淳）

参考文献

＊1　ＰＷＲを含めた軽水炉全般については舘野淳、山本雅彦、中西正之『原発再稼働適合性審査を批判する－炉工学的安全性を中心として』（本の泉社、2019年）参照

＊2　例えば、東北電力「自主対策設備に関する補足説明（耐圧強化ベントを炉心損傷後に使用しない理由）」（2019 年）

＊3　原子炉安全専門審査会、核燃料安全専門審査会「原子力規制委員会が目指す安全の目標と、新規制基準への適合によって達成される安全の水準との比較評価について」（2018 年）

第2節

廃炉、放射性廃棄物、使用済燃料はどうするのか

新規制基準の施行などもあり、商用原発では運転開始から相当の年数が経過した原発をはじめ、次々と廃炉（正式には、廃止措置という）が決定されています。商用原発ではないですが、日本原子力研究開発機構の新型転換炉ふげんの廃炉作業が進められています。高速増殖原型炉もんじゅも廃炉が決定されました。核燃料施設では、日本原子力研究開発機構の東海再処理工場などの廃止が決定しています。

今後、次々と、原発や核燃料施設などの廃止措置が進められていきますが、そこで発生する膨大な量の放射性廃棄物や使用済燃料などの「負の遺産」は、どのようにすればよいのでしょうか。

1．原子力事業者が全原子力施設の廃止措置実施方針を公表

2018年の原子炉等規制法改正で、原子力事業者は同年12月31日までに保有する各原子力施設の廃止措置実施方針を作成し公表することが義務付けられ、各事業者のホームページで公表されています。

すでに廃止措置を実施している施設だけでなく、現存するすべての施設の廃止措置にかかる費用・期間・放射性廃棄物推定量などが公表されています。これらの試算には放射性廃棄物の処分費を含んでいますが、現状では処分場も処分方法も未確定なため、あいまいな評価額であるといわざるを得ません。

日本原子力研究開発機構は、保有する79施設を廃止した場合の費用を1兆9100億円と試算しています。これらの費用には、施設の解体費、放射性廃棄

物をドラム缶に詰めるなどの処理費、実際に処分場に埋設する処分費が含まれています。廃止措置完了まで最大70年かかるのが茨城県東海村にある再処理工場です。最も高額なのも再処理工場の廃止費用で、7700億円にのぼります。これらには維持費は含まれていないので、実際に廃止措置完了までに必要な費用はさらに高額となります。再処理工場ではそれらを含めると総計は約1兆円と推定されます。すでに廃止措置が始まった高速増殖原型炉もんじゅの廃止費用は今回の試算では約1500億円と見込んでいますが、維持費を含めた政府試算では約3750億円とされています。廃止措置完了までにかかる費用は、この試算より大幅に割り増しされるのは間違いありません。

　原燃（日本原燃株式会社）は、保有する施設の廃止措置費用を約1兆7300億円と見積もっています。このうち、再処理工場だけで約1兆6000億円です。再処理工場の解体にともなう放射性廃棄物は約3万2000トン(t)と推定されています。ウラン廃棄物に関しては未だ廃棄に関する国の基準がないので、見積もりに含まれていません。

　原発については、事故を起こした福島第一原発1～4号機を除く廃止措置費用は、各電力会社の見積もりの合計として、3兆578億円とされました。福島第一原発1～4号機の廃止措置費用については、現在のところ、約8兆円とされています。これらの事故機の廃炉は更地方式を採用していますが、とてもこの金額では収まらないでしょう。

　事故を起こしていない原発の廃止措置費用は、過小評価されています。例えば、四国電力の伊方原発3基（1、2号機の廃炉決定済み）の廃止措置費用は1400億円と見積もられています。発表されている1号機の廃止措置計画では、完了までに約40年かかるとしています。3基40年で1400億円であれば、1基1年あたり約12億円というわずかな金額に過ぎません。これで解体工事などができるとは到底思えません。施設管理、放射線管理、放射性廃棄物処分などにかかる巨額の費用が隠れています。

２．廃止措置で発生する廃棄物の区分

　原子炉の廃止措置において発生する廃棄物の分類は、「低レベル放射性廃棄物」であり、放射能濃度の高い順に「L1、L2、L3」に区分されます。L1とし

ては制御棒・炉内構造物・放射化物など、L2としては廃液固化体・フィルター・廃器材など、L3としてはコンクリート・金属などです。非常に高い放射能レベルであるはずの制御棒でさえ「低レベル放射性廃棄物」に区分されているのですから、L3であっても、決して放射能レベルは低くはありません。セシウム137の場合で10万ベクレル（Bq）/kg以下がL3の区分基準です。実際には相当の放射能レベルであることには注意を払う必要があります。

　このほかに、放射能は若干あるけれども、原子炉等規制法に定められた放射能の基準値（クリアランスレベル）以下のものは、「放射性物質として扱う必要のないもの」という扱いになります。放射性セシウムでは100Bq/kg以下と定められています。

3．原子力施設の廃止措置で発生する廃棄物はどれくらいか

　日本国内で、発電施設を有する原子炉の中で、これまでに廃止措置をした例としては、当時の日本原子力研究所（原研）の動力試験炉（JPDR）があげられます。この原子炉は、BWR型発電プラントで、電気出力は1万2500kWです。1986年から1995年にかけて解体・撤去し、更地にしました。その際、放射性廃棄物が約4000t発生しました。そのうち極低レベルコンクリート（L3）1670tを原研敷地内に埋設実施試験に供しました。

　日本原子力研究開発機構の新型転換炉ふげん（電気出力16.5万kW）についても、2033年の建屋解体終了を予定して廃止措置が開始されました。ここでも更地方式が採用され、推定される放射性廃棄物の発生量は約5万tです。このうち、L1が約500t、L2が約4500t、L3が約4万5900tです。クリアランスレベル以下は約600tと推定されています。

　商用原発では、東海原発（電気出力16万6000kW）の解体作業が2001年から開始されています。東海原発はガス冷却炉です。ここでも更地方式が採用され、推定される放射性廃棄物の発生量は約2万7000tです。このうち、L1が約1600t、L2が約1万3000t、L3が約1万2300tです。クリアランスレベル以下は約4万1100tと推定されています。当初計画では2020年に廃止措置を終了する予定でしたが、現在では2030年に終了時期を延期しています。

　この理由は、L1およびL2に区分される廃棄物の処分場が定まらないので、

解体を進めるほどに収納した廃棄物が蓄積していき、広い保管施設が必要になるからです。L3については、敷地内の地表近くの地中に直接埋設（トレンチ埋設）することにしています。具体的には、地表から約4m掘り下げ、廃棄物を鉄箱やコンテナバッグに入れて直接埋設し、約2mの覆土を施す工法です。約50年間管理するとしています。

　すでに地元の東海村の了解が得られ、原子力規制委員会から許可が得られ次第、埋設を開始する予定ですが、住民からは反対の声があがっています。L1およびL2については、処分場が決まっておらず、先行きがまったく見えません。クリアランスレベル以下の約4万tは、法律上は「放射性物質として扱う必要がないもの」とされ、一般の産業廃棄物と同じ扱いになりますが、再利用なども含めて社会的に容認されるかどうか疑問です。

　一般の軽水炉で廃止措置に移行しているのは、浜岡原発1、2号機です。2009年度から使用済燃料の搬出が開始されており、2036年度までに建屋解体を完了する計画です。ここでも更地方式が採用され、1、2号機合わせた低レベル放射性廃棄物は約2万t、そのうちL3は約4000tと推定されています。クリアランスレベル以下が約7万8000tと推定されて、膨大な量になります。

４．放射性廃棄物はどこに処分するのか

　L3廃棄物については、東海原発における敷地内埋設処分が今後の流れになっていくのではないでしょうか。大量に発生するL3廃棄物の行き場がなければ、廃止措置は全く進捗しないことになります。地元は「やむを得ず」かもしれませんが、了承していくことになるでしょう。なお東海村は、村内をL1およびL2の処分地としては認めない方針です。

　それでは、L1およびL2廃棄物についてはどうするのでしょうか。これまで、L1については地下50～100mで300年間管理、L2については地下10m程度で300年間管理、L3については浅い地中で50年間管理、という国の考え方が示されていました。

　L1廃棄物について、2016年8月の原子力規制委員会で「炉内等廃棄物の埋設に係る規制の考え方について[*1]」が了承されました。これは、L1廃棄物の処分についての規制の考え方です。元の文書をそのまま引用すると「原子力規制

委員会による事業者に対する規制が行われる期間（以下、規制期間）の終了時において防護上の問題を生じるような状態に至ることは合理的に想定し得ないこと等を確認した上で、規制は有限の期間で終了するものとする。規制終了までの期間としては、（中略）事業者による事業の継続性の観点から既往のピット処分の事業を参考に、300～400年程度を念頭に置く」とされています。

民間事業者が300～400年程度、責任を持って管理し、その後は「国の規制から外す」ということです。つまり、処分場は、規制期間の後は一般の土地と同じ扱いでかまわないということです。

はたしてそれでいいのでしょうか。さらに、処分場には「10万年の隔離」を規制要求としていますが、そんな保証ができるでしょうか。請け負った事業者が300年先も事業を存続しているかどうかも大いに疑問です。L2については、未だ先行きが見えていません。いずれにしても、L1およびL2の処分場が建設されるまでには、これから相当の期間がかかるのは間違いありません。

5．高レベル放射性廃棄物の処分も見通しなし

使用済燃料の再処理で発生する高レベル放射性廃液をガラスと混ぜて固化したガラス固化体は、高レベル放射性廃棄物に区分されます。上述したL1廃棄物より深い、地下300m以深の地層に処分することが決められています。

2000年に最終処分を定めた法律が制定され、2002年から処分地選定調査を受け入れる自治体を公募しました。2007年に高知県東洋町が応募しましたが、住民の反対により取り下げました。それ以降、応募する自治体はありませんでした。業を煮やした政府は、経済産業省の総合資源エネルギー調査会（地層処分技術ワーキンググループ）が2017年4月に地層処分の適地条件についての報告書[*2]を取りまとめ、それを基に、経済産業省が処分適地を示す「科学的特性マップ」を公表しました。2020年10月に、北海道寿都町長および神恵内村長が第1段階となる調査に応募し、大問題になりました。

「科学的特性マップ」では、日本国中の沿岸のほとんどが「適地」とされていますが、地殻変動の生じている日本列島に本当の「適地」が存在するでしょうか。日本学術会議が原子力委員会からの依頼に応えて検討した結果の回答（2012年）[*3]では、「そもそも（特に高レベル放射性廃棄物の最終）処分場の実現性を検討

するにあたっては、長期に安定した地層が日本に存在するかどうかについて、科学的根拠の厳密な検証が必要である。日本は火山活動が活発な地域であるとともに、活断層の存在など地層の安定性には不安要素がある。万年単位に及ぶ超長期にわたって安定した地層を確認することに対して、現在の科学的知識と技術的能力では限界があることを明確に自覚する必要がある」と指摘しています。

6．使用済燃料は乾式貯蔵で長期保管監視を

　使用済燃料を直接処分する場合には、ガラス固化体と同じ高レベル放射性廃棄物となります。現在、各原発の敷地に保管されている使用済燃料は約1万6000t、六ヶ所再処理工場のプールに約3000t、合計で約1万9000tです。これらの使用済燃料は、プールで一定の冷却期間の後、乾式キャスクに収納して長期保管監視するしかないでしょう。

7．原発廃炉の墓地方式・長期保管監視の検討を

　日本の原発の廃止措置は、どうして「更地」方式なのでしょうか。おそらく、建設当初は、跡地に新設することを念頭に置いていたのではないでしょうか。また、原発建設を了解してもらうために、「廃炉になったら更地にします」と電力会社が地元に約束してきました。しかし、これまで見てきたとおり、更地にすれば、膨大な量の放射性廃棄物が発生し、その処分に苦慮することは明白です。処分場の見通しは立たないので、廃炉そのものも計画通りに進まなくなります。

　また、「クリアランスレベル」以下であるからといって「放射性物質として扱う必要がないもの」が大量に世の中に出回ることは、容易に社会的に認められません。今後、「跡地に原発を新設」という状況になることはないでしょう。

　そうであれば、いっそのこと、更地方式を止めて墓地方式・長期保管監視に切り替えてはどうでしょうか。墓地方式・長期保管監視とは、原子炉内から核燃料はもちろん取り出すが、それ以外は制御棒などを撤去して放射化している構造物は解体しない。原子炉本体などはしっかりした構造物で覆い、さらに盛

り土をする。事故を起こしたチェルノブイリ原発の措置（石棺）のようなイメージです。

　あわせて、「取り出した放射性廃棄物や墓地などは、国が永久に管理する」ということを提案します。もちろん、永久管理に必要な莫大な費用は原発事業者から全額を国に拠出させる。原発がもたらした放射能という「負の遺産」をできるだけ拡散しないためには良い方法ではないでしょうか。廃止措置の工期が短縮され、作業員の被曝も減少し、処分場問題も軽減されるというメリットもあります。

　制御棒などのL1廃棄物、L2廃棄物、高レベル放射性廃棄物（ガラス固化体、使用済燃料）は、金属製容器に封入したうえで、地表あるいは浅い地下で長期保管監視するしかないでしょう。

（岩井　孝）

参考文献

＊1　原子力規制委員会「炉内等廃棄物の埋設にかかる規制の考え方について」、2016年8月31日

＊2　経済産業省　総合資源エネルギー調査会　電力・ガス事業分科会　原子力小委員会　地層処分技術WG「地層処分に関する地域の科学的な特性の提示に係る要件・基準の検討結果」、2017年4月

＊3　日本学術会議「回答　高レベル放射性廃棄物の処分について」、2012年9月11日

第3節

破綻した核燃料サイクルは
即刻やめるべき

　政府は、これまで一貫して、軽水炉の使用済燃料を全量再処理し、回収されるプルトニウム（Pu）を高速増殖炉の燃料に回すという核燃料サイクルを基本方針にしてきました。理論的には、高速増殖炉に装荷したPu量に比べて、その使用済燃料およびウラン（U）ブランケット（炉心の周囲に配置するウラン：中性子を吸収してPuに転換）の再処理で回収されるPu量が多くなります（増殖という）。これが実現すれば、ウラン資源を高い効率で利用できるはずでした。核燃料サイクルの要である高速増殖炉の実用化までは、軽水炉の使用済燃料から回収されたPuを再び軽水炉燃料とするプルサーマルを「つなぎ」として実施するとしてきました。

　高速増殖炉の開発は、実験炉→原型炉→実証炉→商用炉という段階で進められます。茨城県にある「常陽」は実験炉、福井県にある「もんじゅ」は原型炉です。このもんじゅの廃炉が決定しました。それにもかかわらず、政府は高速炉開発に名前を変えて核燃料サイクルも続ける方針を決定しました。それは欺瞞に満ちた大変愚かな政策であり、即刻やめるべきです。

1．もんじゅの廃炉が決定される

　もんじゅは高速増殖原型炉の位置付けであり、熱出力71万4000kW、電気出力28万kWです。高速増殖炉の構造は大きく分けて、タンク型とループ型です。地震国日本では、耐震性に優位なループ型を開発してきたので、当然、もんじゅはループ型です。炉心を流れる1次ナトリウムの熱を中間熱交換器で

2次ナトリウムに伝え、さらに蒸気発生器で水に熱を伝えて蒸気としてタービンに送り、発電します。炉心燃料はウラン・プルトニウム混合酸化物（ＭＯＸ）で、炉心は集合体198体で構成され、その周辺をウラン酸化物燃料であるブランケット燃料集合体172体が囲んでいます。

　もんじゅは1980年から安全審査を受け、1985年から6年をかけて建設されました。94年に臨界となり、95年8月29日に発電を開始しましたが、同年12月8日にナトリウム漏洩火災事故を起こし停止しました。2010年に15年ぶりに運転を開始してからも様々なトラブルを起こし、廃炉が決定されました。

　政府の高速炉開発会議の第1回会合が2016年10月7日に開催され、同年12月19日の第4回会合で、もんじゅ廃炉と今後の高速炉開発についての考え方をまとめました。そして、同年12月21日に開かれた原子力関係閣僚会議において、もんじゅ廃炉は政府としての正式な方針となりました。ここでは、2つの政府方針が決定され公表されました。

「『もんじゅ』の取扱いに関する政府方針」[*1]という文書は、「もんじゅは多くの成果を上げてきた。これからはもんじゅがなくても高速炉開発はできる」という趣旨が書かれています。「もんじゅは大いなる失敗」というのが一般的な見方です。それに対して全く矛盾する評価をするのは、高速炉開発と核燃料サイクルに固執するための口実にすぎません。これからも高速炉開発と核燃料サイクルを推進する前提として、もんじゅは失敗だと認めるわけにはいかないのです。これまでの失敗について反省しないままでは今後も失敗します。

　もうひとつとして、もんじゅの成果を強調したうえで、もんじゅを廃炉にしても、「知見については、国内の試験施設や国際協力等の活用、更には実証炉段階での対応等により獲得が可能であることが示された」としています。実は、日本政府は、フランスが進めていた高速炉アストリッド（ASTRID）の開発に巨額の資金を提供して便乗する予定でした。しかし、フランス原子力・代替エネルギー庁（CEA）は巨額の開発資金が必要であり経済的に成り立たないと判断して、2019年8月に計画を中止しました。これで、今後の日本の高速炉開発の見通しはなくなりました。

　これまでに、もんじゅに費やされた事業費（支出額）は、1兆214億円（1980年度から2016年度）であり、2017年度には予算額で178億円となっています。稼働しなくても年間200億円ほどが費やされてきました。この事業費は、もん

じゅに直接かかった費用であり、別枠の研究開発費なども非常に多額です。廃炉にかかる費用は、政府試算では維持費を含めた約3750億円と見積もられています。

２．いつの間にか消えていた「増殖」

　核燃料サイクルとしての要は、使った以上のPuが生み出される「夢の原子炉」と称された高速増殖炉です。ところが、いつの間にか、世界的に「増殖」の２文字が消えて「高速炉」になっていました。理論上の計算では、燃料として装荷したPuは「増殖」して、その余剰プルトニウムで新たな高速増殖炉のプルトニウム燃料が製造できるはずでした。

　しかし実際には、再処理工程や燃料製造工程に費やされる期間や工程でのロスも考慮すると、「増殖」によって得られる「余剰プルトニウム」で新たな高速増殖炉の燃料を確保するには、非常に長い年月がかかることが明白になりました。「増殖」とはほど遠いため、この２文字を消して「高速炉」としたのです。国際的には、名称変更してから20年以上経過しています。

　高速炉は、ウラン使用済燃料の再処理で取り出されるPuを「消費」するだけです。要である高速増殖炉をあきらめた時点で、核燃料サイクルから撤退すべきでした。

３．もんじゅは廃炉なのに「高速実証炉開発」という欺瞞

　2016年12月21日の原子力関係閣僚会議で決定したもうひとつが、「高速炉開発の方針[*2]」です。高速炉が発電炉として軽水炉より経済的優位に立てないことは明白です。そこで、高速炉は「核変換により長寿命の放射性廃棄物の減容化・有害度低減に使用する」という新たなうたい文句を持ち出したのです。

　筆者は、「核変換による長寿命の放射性廃棄物の減容化・有害度低減」というお題目そのものが必要ないと考えます。「減容化・有害度低減」は、核燃料サイクルを大前提として、使用済燃料の再処理で発生する高レベル放射性廃棄物中の長寿命核種を処理して処分場をコンパクトにしようという考えに基づきます。この構想は、原理的には有望のように見えますが、実用規模で実現でき

る見通しはまったくありません。何よりも、そのような理由のために核燃料サイクルを継続することは非常に愚かな政策です。核燃料サイクルを止め、使用済燃料は直接処分することを選択して金属容器に収納して長期保管、という政策に転換すれば、まったく必要のない研究開発です。

4. プルサーマルによる核燃料サイクルの破綻が一層明確に

プルサーマルの計画当初、国の方針は、「プルサーマル使用済燃料は再処理し、取り出したPuをMOX燃料に加工して再びプルサーマルでリサイクルする」でした。しかし、筆者は、プルサーマル使用済燃料中のPuは、核分裂しにくいPuの割合が増え（高次化という）、再びプルサーマル用の燃料に利用することはできないと指摘してきました。

国は方針変更し、「プルサーマル使用済燃料の再処理で取り出したPuは高速増殖炉燃料に使用する。それまで、使用済燃料のままで保管する。六ヶ所再処理工場では、許認可上、プルサーマル使用済燃料の再処理はできないので、プルサーマル使用済燃料の再処理のために第2再処理工場を建設する[*3,4]」としました。筆者は、高速増殖炉燃料としても、高次化したPuは敬遠されるので使用されることはない、プルサーマル使用済燃料は長期保管のあと直接処分されることになると指摘してきました。

国は、使用済燃料の処分方法として、直接処分も検討するといいながら、実際には全量再処理路線に固執してきました。しかし、プルサーマル使用済燃料については、2018年7月3日に閣議決定された第5次エネルギー基本計画[*5]の中で、「使用済MOX燃料の処理・処分の方策について、使用済MOX燃料の発生状況とその保管状況、再処理技術の動向、関係自治体の意向などを踏まえながら、引き続き研究開発に取り組みつつ、検討を進める」と記載されました。MOX燃料について「処分」という選択肢を明記したのです。

さらに、2018年9月初めには「電力10社、プルサーマル燃料の再処理断念、費用計上せず」という報道がされました。表向きの理由は、プルサーマル使用済燃料のための第2再処理工場の建設費が巨額であること、とされています。

プルサーマルは科学的（Puが高次化して再利用できず、使用済燃料を直接処分するしかない）にも経済的（プルサーマル用MOX燃料はウラン燃料の数倍から10倍

の価格）にもデメリットしかありません。経済的な理由を口実にして、プルサーマルによる核燃料サイクルから撤退したいというのが電力会社の本音でしょう。

　プルサーマル使用済燃料は再処理せず直接処分へ、という方向が明確になりました。処分までの間、原発サイトに長期保管されることについて、地元の反発が予想され、これまで以上に、プルサーマルへの批判は強まることが予想されます。

　使用済燃料を直接処分する場合に、プルサーマル使用済燃料には大量のアメリシウムが含まれており、その高い発熱量から大きな困難をもたらします。そのひとつは、プールでの水冷却を長期間続けたあとでなければ金属容器に収納できないこと、もうひとつは、広い処分場が必要になることです。百害あって一利無しのプルサーマルによる核燃料サイクルから、即刻撤退すべきです。

5．プルトニウムは負債

　原子力委員会は、2018 年 7 月 31 日に開催された第 27 回定例会議で、「我が国におけるプルトニウム利用の基本的な考え方[6]」（以下、「基本的な考え方」）を決定しました。この文書には「プルトニウム保有量を減少させる」と明記されています。文脈から、プルトニウム保有量には海外保管分も含んでいます。この会議で配布されたプルトニウム管理状況の資料では、2017 年末現在の国内外に保管されている日本の分離プルトニウム総量は約 47.3t です。「分離プルトニウム」とは、使用済燃料を再処理して取り出した Pu のことで、原料粉末だけでなくＭＯＸ燃料（未照射のみ）も含みます。所在の内訳は、日本国内保管分が約 10.5t、海外保管分が約 36.7t（イギリスに約 21t、フランスに約 15t）です。

　海外保管分も含めて「プルトニウム保有量を減少させる」ためには、どうしても海外保管の Pu をＭＯＸ燃料に加工して日本に輸送してプルサーマルで使用しなければなりません。そうしないと、六ヶ所再処理工場を操業する理屈が立たないからです。

　従来、電気事業連合会は「16 〜 18 基でプルサーマルを計画」としてきました。この基数は、六ヶ所再処理工場がフル操業したときに取り出される年間 7 〜 8 t の Pu を消費できるように設定されました。2020 年 10 月現在、再稼働して

いる原発で、プルサーマルを実施しているのは、関西電力高浜原発3号機、4号機、四国電力伊方原発3号機、九州電力玄海原発3号機の4基だけです。この4基だけでは、せいぜい、年間2t程度のプルトニウム利用量でしかありません。このままでは、海外に保有しているPuを消費するだけで20年近くかかる計算になります。少なくともその間は、六ヶ所再処理工場の操業は必要ありません。

「基本的な考え方」には、先にプルサーマルを再開できた関西電力などが東電分のPuを消費する、という状況を望んだ記載があります。しかし、事業者間の連携・協力には電力会社自身が否定的です。2018年7月31日付けの朝日デジタルでは、当時の電気事業連合会の勝野哲会長（中部電力社長）の「電力間の融通を検討していない。各社でプルサーマルを含めた再稼働をやっていくのが大前提」との発言を掲載しています。プルサーマルにはデメリットしかないので、そのような厄介なことを他社の分まで請け負うつもりがないということですが、当然のことでしょう。

　今や、分離したPuは負債であるというのが国際的な共通認識です。アメリカでは使用済燃料の再処理はしていませんが、核兵器解体で取り出したプルトニウムを保有しており、放射性物質と混ぜて処分する計画が検討されています。イギリスに保管されている日本のPuについて、イギリス政府は「日本側が十分にお金を払う」ことを条件に引き取ることを提案してきましたが、日本は拒否しました。破綻した核燃料サイクルに固執するがゆえの愚かな選択です。日本もPuは負債であるという認識に立ち、保有分は処分し、これ以上取り出さない（再処理しない）という選択をすべきです。

（岩井　孝）

参考文献

＊1　原子力関係閣僚会議「もんじゅの取り扱いに関する政府方針」、2016年12月21日

＊2　原子力関係閣僚会議「高速炉開発の方針」、2016年12月21日

＊3　原子力委員会　「原子力政策大綱」、2005年10月11日

＊4　経済産業省資源エネルギー庁総合資源エネルギー調査会　「原子力立国計画」、2006年8月8日

＊5 閣議決定「エネルギー基本計画」、2018 年 7 月 3 日

＊6 原子力委員会「我が国のプルトニウム利用における基本的な考え方について」、2018 年 7 月 31 日

第4節

プルサーマル使用済燃料は直接処分に

―プルトニウムの高次化とはどういうことか―

　第3章第3節で、プルサーマル使用済燃料中のプルトニウム（Pu）は核分裂しにくいPuの割合が増え（高次化という）、再びプルサーマル用の燃料に利用することはできない、高速増殖炉燃料にも使用されることはない、と述べました。つまり、プルサーマル使用済燃料は直接処分されることになります。プルサーマルによる核燃料サイクルは成立しないのです。

　その根拠を、Puを核燃料として使用した場合の性能を数値的に評価した結果に基づき、解説します。

1. 等価フィッサイル法によるプルトニウムの価値評価

　核燃料としてのPuの価値を評価する手法である「等価フィッサイル法」を紹介します。Puのうち、核燃料サイクルで考慮するのは、表1に示す質量数238から242までの5種類で十分です。質量数は、その元素の原子核の中の陽子と中性子の個数の合計です。このように、同じ元素（陽子の個数が同じ）で質量数が異なるものを「同位体」と呼びます。Puの同位体の中で、核分裂性として区分されるのは、一般的にはPu-239とPu-241ですが、実は両者が同じ価値であるのか、あるいは他の同位体は「燃えない」（核分裂性でない）のかというとそれほど単純なことではありません。

　同位体ごとに、どの原子炉でどれくらい燃えやすい（核分裂性）のか、あるいは「毒」（中性子を吸収することで無駄食いする）となるのかを考慮し、全体としてのPuがどれくらい燃えやすいのかを比較する方法として、「等価フィッサイル法」があります。これは、原子炉の中性子スペクトルなどを考慮して、

Pu-239 を 1 としてそれぞれの同位体の燃えやすさを比較した値（等価フィッサイル係数）を用いる方法です。中性子スペクトルとは、中性子の速度毎の割合のことです。

　表 1 にウラン（U）、Pu、アメリシウム（Am）の同位体毎の等価フィッサイル係数を示します。厳密には、原子炉ごとにこれらの値は変化するのですが、ここでは、軽水炉および高速増殖炉、それぞれの一例として見ていただきたいと思います。表 1 によると、U-235 は、軽水炉でも高速増殖炉でも、等価フィッサイル係数はほぼ同じです。このことは、U-235 であれば、軽水炉でも高速増殖炉でも Pu-239 と比べた核燃料としての価値はほぼ同じということです。

表 1　等価フィッサイル係数

核　種	半減期（年）	等価フィッサイル係数	
		軽水炉	高速増殖炉
U-235	7×10^8	+0.8	+0.77
U-238	4.5×10^9	0	0
Pu-238	88	−1.0	+0.44
Pu-239	24100	1.0	1.0
Pu-240	6560	−0.4	+0.14
Pu-241	14.4	+1.3	+1.5
Pu-242	376000	−1.4	+0.037
Am-241	430	−2.2	−0.33

出典：「MOX 燃料 − 最近の技術動向を探る」、『原子力工業』、第 38 巻、第 8 号（1991）

　一方、Pu ではずいぶんと事情が違ってきます。軽水炉では、Pu-239 を 1 とすると、Pu-241 は 1.3 であり Pu-239 より「燃えやすい」といえます。また、Pu-238 は −1.0、Pu-242 は −1.4、Pu-241（半減期は約 14 年）のベータ崩壊で生じる Am-241 は −2.2 であり、これらは中性子を無駄食いする「毒」として作用します。それに比べると、高速増殖炉では Pu はすべてプラスの値であり、Am-241 のマイナスの値も軽水炉より相当に小さいことが分かります。こうして数値的に評価すると、Pu は軽水炉より高速増殖炉の燃料としてはるかに適していることは明白です。

2．プルトニウムの高次化

　Pu は原子炉内で U を出発物質として生成されます。例えば、Pu-239 は、U-238 が中性子を 1 個捕獲して生成する U-239 が短時間でベータ崩壊してネプツニウム 239（Np-239）になり、さらにベータ崩壊して生成します。そして Pu-239 が中性子を捕獲して Pu-240 へ、さらに中性子を捕獲するたびに、Pu-241、Pu-242、と質量数の高い Pu になっていきます。このように、質量数の大きい Pu が増えていくことを、Pu の高次化といいます。ウラン燃料でも、同じ経路で Pu は高次化していきます。原子炉の中で長く燃やしていれば、さらに Pu の高次化は進行します。

　これが、プルサーマル用のＭＯＸ燃料であればどうでしょうか。もともと Pu を添加してあるのですから、ウラン燃料に比べてさらに Pu の高次化が進行することは、容易に推測できます。U からの Pu の生成率も Pu の高次化の進行も、中性子の捕獲されやすさに依存します。U も Pu も、中性子の捕獲率（専門用語では捕獲断面積といいます）は中性子の速度が遅い方が高いので、速度が遅い熱中性子が主である軽水炉の方が、高速中性子が主である高速増殖炉より Pu は生成しやすく、高次化しやすいことになります。結論として、プルサーマルでは高速増殖炉に比べて Pu の高次化がより深刻になるのです。

3．プルトニウムの燃料としての性能比較

　表 2 には、ウラン使用済燃料の再処理から得られる Pu およびプルサーマル使用済燃料（1 回目のリサイクル）の再処理から得られる Pu の組成について、計算例を示しています。等価フィッサイル係数と Pu の同位体組成比を用いると、その Pu が全体としてどれくらい「燃えやすい」のかを Pu-239 と比較した値（Pu-239 が 100％の場合を 100 とする値：等価フィッサイルという）で示すことができます。

　ウラン使用済燃料から回収した直後の Pu には、再処理で分離されるため Am は含まれていません。この Pu を軽水炉に使用した場合（すなわちプルサーマル）の等価フィッサイルは、55 となります（実際には再処理後、燃料に加工す

表2　等価フィッサイル法を用いた性能比較

	Puの組成（%）						等価フィッサイル	
	238	239	240	241	242	Am-241	軽水炉	高速増殖炉
ウラン使用済燃料から再処理回収した直後	2	58	23	12	5	0	55	80
上記を回収後、14年間経過	2	58	23	6	5	6	34	69
プルサーマル使用済燃料から再処理回収直後	1.9	40.4	32.1	17.8	7.8	0	38	73
上記を回収後、14年間経過	1.9	40.4	32.1	8.9	7.8	8.9	6.7	56

注：プルトニウムの組成は、一定の条件（原子炉、燃焼度）を設定した上で計算された値の一例です

る期間などが必要ですが、ここでは無視）。この値は、Pu-239 に比べて、この組成のPu の燃えやすさは55％（＝ 0.55倍）にすぎないことを示しています。したがって、プルサーマル燃料に使用するときに、炉心の構成上、燃料中に Pu-239 に換算して５％の Pu 富化度（燃料全体の質量に占める Pu の割合：Pu／（U ＋ Pu））が必要であれば、等価フィッサイルが 55 のこの Pu を使用するのであれば、実際には５×（１／ 0.55）＝ 9.1％の Pu 富化度が必要ということになります。

　この Pu を、再処理したのち Pu-241 の半減期にあたる 14 年間保管してからプルサーマルに使用するとしたら、どうなるでしょうか。この時点で Pu-241 の半分は崩壊して Am-241 になっています。等価フィッサイルを計算すると、表２の２段目の値である 34 となります。つまり、14 年間の保管中に燃料としての価値が 55 から 34 に約４割も目減りすることを意味しています。プルサーマル燃料に使用するときに、燃料中に Pu-239 に換算して５％の Pu 富化度が必要であれば、この組成の Pu では、実際には５×（１／ 0.34）＝ 14.7％の Pu 富化度が必要ということになります。

　このように、プルサーマルに使用するためには、再処理後できるだけ早期に Pu をリサイクルしなければいけません。そうしないと、どんどん質（等価フィッサイル）が低下していくことになります。海外にウラン使用済燃料の再処理を委託して回収した Pu は、すでに相当長期間にわたり保管されています。これをプルサーマルに使用することは、上記の点から好ましくありません。Pu を分離してから保管しておくと Am が蓄積して核燃料としての質が低下するので、本当に利用する直前に再処理して Pu を取り出すことが、科学的には妥当です。

表2の3段目に、プルサーマル使用済燃料から回収される Pu の組成の一例を示します。Pu-239 の割合が 40％程度にまで低下しています。この Pu の等価フィッサイルは、再処理直後で、すでに 38 しかありません。再処理したばかりの時点で、すでにウラン使用済燃料を再処理して回収した Pu を 10 年以上保管したものと、質としては変わらないのです。それほど、燃料として質が粗悪であるといえます。もし、プルサーマル使用済燃料の再処理で回収した Pu を 14 年間保管したのちに使おうとすると、表2の最下段に示すように、等価フィッサイルはわずか 6.7 にすぎません。この Pu について先ほどと同じ計算をすると、Pu-239 に換算して 5 ％の Pu 富化度に相当するには、Pu 富化度を 75％にしなければいけません。これほど Pu 富化度の高いＭＯＸ燃料は融点の低下や組織の安定性に欠けるなど、プルサーマル燃料として成立しませんので、このような組成の Pu は絶対に利用できません。

　高速増殖炉ではどうでしょうか。表2の一番右の欄に、それぞれの Pu を高速増殖炉で使用した場合の等価フィッサイルを示します。ウラン使用済燃料から回収された Pu の等価フィッサイルは、最上段に記載した 80 であり、その左の欄に示すプルサーマルに使用した場合の 55 に比べて、約 1.5 倍です。このことから、Pu の利用は高速増殖炉が最適であることがわかります。プルサーマル使用済燃料から回収された Pu を高速増殖炉に使用する場合でも、等価フィッサイルは 3 段目の欄に示す 73 であり、質の低下は少ないのです。その横の欄に示すプルサーマルによるリサイクルにおける等価フィッサイルがわずか 38 と低いことと対照的です。それでも、ウラン使用済燃料から回収した Pu の質のほうが高いので、その利用が優先されます。

４．プルサーマル使用済燃料はリサイクルされず直接処分に

　以上の評価結果から、次のように結論することができます。プルサーマルや高速増殖炉による核燃料サイクルを仮に想定しても、Pu の質の観点から、ウラン使用済燃料が存在する限りはそれを再処理して回収された Pu が利用され、プルサーマル使用済燃料の再処理は必要ありません。つまり、プルサーマル使用済燃料には、リサイクルされず直接処分されるという選択肢しかないのです。

（岩井　孝）

第5節

事故後の原子力防災対策にも 実効性はない

◆ ──────────────────────── ◆

　福島第一原発でシビアアクシデント（過酷事故）が発生した2011年3月11日、同原発から半径3km圏内の住民に避難指示が出されました。避難指示は12日5時44分に10km圏内、同日18時25分には20km圏内へと拡大され、15日11時00分には半径20〜30km圏内の住民に屋内退避指示が出されました。

　この時点で日本の原子力防災対策は、「防災対策を重点的に充実すべき地域の範囲（EPZ）」を原発から「半径約10km」としていました。20km圏内の住民への避難指示は、現実の事故によって原子力防災対策が崩壊したことを示します（くわしくは第2章第3節をお読みください）。

　この原発事故をふまえ、原子力防災対策は以下のように変更されました。[*1]

　①「予防的防護措置を準備する区域（PAZ）」は原発から半径5km。原発の状態によって防護措置を判断し、放射線物質の放出前または直後に避難等を行う。

　②「緊急防護措置を準備する区域（UPZ）」は原発から半径5〜30kmとし、原発の状態で判断した後、放射性物質の放出後の測定値で対策を決める。

　③ 地上1mの空間線量率が500μSv／時を超えた場合は数時間以内に避難し、20μSv／時を超えた場合は1週間以内程度で一時移転する。

　これで原発事故の際に住民の生命を守ることができるようになったかというと、そうなっていません。どこに問題があるのか見ていくことにしましょう。

1．2つの背反する被害をいかに最小限にするか

　第1章第4節でご紹介した「双葉の悲劇」は、原子力災害時の避難・退避のあり方への抜本的な見直しを迫るものとなりました。この悲劇はなぜ起こったのでしょうか。それは避難にも大きなリスクがあるからです。

　原発事故で放射性物質が放出された場合、「放射線を避ける」ことだけを考えて避難すればいいということにはなりません。身を守るためには、「放射線被曝による被害」と「放射線被曝を避けることによる被害」を合算して、それが最も少なくなるような行動を選択しなければなりません。そのためには、放射性物質の放出状況や放射線量、避難道路や避難先で想定される状況などを総合的に判断して、「ただちに避難を開始する」のか、「放射線量が高い時期は、屋内にこもってやりすごす」のかといった選択をしなければなりません。

　ところが、各道府県の原子力防災計画を読んでも、リスクを最小限にするためにどのような判断をすればいいかは、どこにも書いてありません。

2．原発周辺の多数の住民が避難できるのか

　日本の原発の30km圏内には、もっとも多い東海原発の約93万人からもっとも少ない東通原発の約7万人まで、たくさんの人々が住んでいます（図1）。

　半島部にある原発も多く、周辺の道路は狭かったり地震の際などに脆弱であったりして、多くの人々が短時間で避難するのは困難です。片側1車線の避難道路は1時間に多くても1000台程度、両側1.5車線などの狭い道路では200〜300台程度しか自動車を通すことができません。

　さらに、30km圏内から外に避難する際には、その境界から避難所までの間に設置される「避難退避時検査場所」で、住民と車両の汚染検査・簡易除染が行われます。避難してきた多くの車両が一気にやってくるため、ここがボトルネック（瓶の首のこと。例えば、川の幅が広いところから急に狭いところに入ると、流量が制限されて流れが滞ってしまう）になってしまいます。

　原発周辺では毎年、原子力防災訓練が行われていますが、検査場所では車の列ができています。実際の事故時には大量の車が押し寄せるため、検査場所を

図1　日本の各原発から30km圏内の人口

泊原発
8万3000人

東通原発
7万2000人

柏崎刈羽原発 43万5000人
志賀原発 17万人
敦賀原発 27万5000人
美浜原発 20万1000人
大飯原発 14万人
高浜原発 18万人
島根原発
44万人
玄海原発
25万6000人
川内原発
23万2000人

女川原発
22万3000人
福島第一原発
14万1000人
福島第二原発
15万人
東海原発
93万2000人
浜岡原発
74万4000人
伊方原発
13万5000人

図2　避難に伴うさまざまな問題

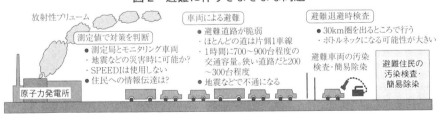

放射性プリューム

測定値で対策を判断
● 測定局とモニタリング車両
・地震などの災害時に可能か？
・SPEEDIは使用しない
・住民への情報伝達は？

原子力発電所

車両による避難
● 避難道路が脆弱
・ほとんどの道は片側1車線
・1時間に700〜900台程度の
交通容量。狭い道路だと200
〜300台程度
● 地震などで不通になる

避難退避時検査
● 30km圏を出るところで行う
・ボトルネックになる可能性が大きい

避難車両の汚染
検査・簡易除染

避難住民の
汚染検査・
簡易除染

先頭にして深刻な渋滞が発生するのは必至です。さらに、避難道路は片道1車
線がほとんどなので、渋滞の最中に燃料が枯渇してしまった車が出ると、その
車から後に並んだ車は動けなくなってしまいます（図2）。

3. 屋内退避の備えは足りているのか

　高齢者や障害者など避難することに困難を抱えた方々（要配慮者）は、避難行動そのものが生命の危険をもたらす場合があります。そのため5km圏内の住民でも、遮蔽効果や気密性が高いコンクリートの建物内に屋内退避することが有効とされています。また5〜30km圏の住民は、吸入による内部被曝のリスクをできる限り低くおさえ、避難行動による危険を避けるために、まずは屋内退避することが基本になっています[*2]。

　屋内退避施設は、既存・新設のコンクリートの建物に、次のような放射線防護対策をしています（図3）。

　(1) 放射性物質除去フィルターを備えた給気装置で防護エリア内を陽圧にし、外部からの放射性物質の侵入を抑える。

　(2) 防護エリア内の陽圧を維持するため、窓とドアを高気密性にし、防護エリア出入り口に前室を設置する。

　(3) 防護エリア内部と外部の放射線量を測定するため、モニタリングポストを設置する。

　(4) 建物の外と放射性物質捕集後のフィルターからの放射線を遮蔽するため、鉛入りカーテンと鉛入りボードを設置する。

　屋内退避施設について、「①施設数は足りているか」、「②施設の備品に不足はないのか」を検討する必要があります。筆者は、石川県能登半島に立地する志賀原発の周辺にある20のうち、19の屋内退避施設を視察してきました。

　①では、志賀町（原発立地自治体）には12施設ありますが、5〜30km圏のそれ以外の6市町には8施設しかなく、うち3施設は医療機関の患者向けです。「要配慮者」の必要数は満たしていないと考えられます。

　②では、要支援者と介助者などが滞在するために、長期保存食・水、寝袋・エアマット、衛生品（ウェットタオル、使い捨てのシーツやゴム手袋、紙オムツなど）が備蓄されています。これらの備品や非常用発電機の燃料は3日分が備蓄されていますが、3日以内に屋内退避施設に滞在している人が、30km圏外の他の施設ですべて受け入れ可能となるでしょうか。福島第一原発事故の状況をふま

図3　屋内退避施設の概念図

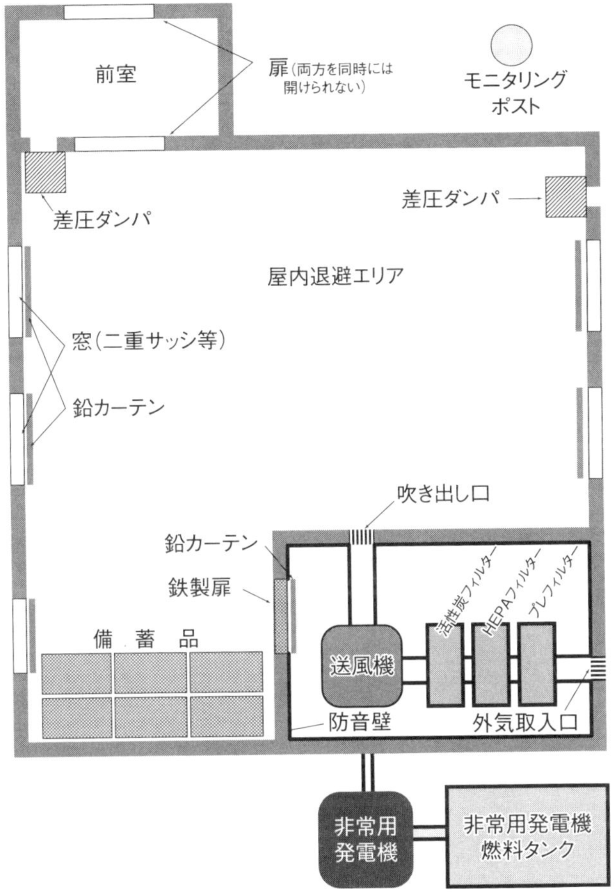

(図中のラベル)
- 前室
- 扉（両方を同時には開けられない）
- モニタリングポスト
- 差圧ダンパ
- 差圧ダンパ
- 屋内退避エリア
- 窓（二重サッシ等）
- 鉛カーテン
- 鉛カーテン
- 鉄製扉
- 備　蓄　品
- 吹き出し口
- 活性炭フィルター
- HEPAフィルター
- プレフィルター
- 送風機
- 防音壁
- 外気取入口
- 非常用発電機
- 非常用発電機燃料タンク

えると、それはかなり困難だと思われます。備蓄日数を増やすことを検討すべきと考えます。

「要配慮者」以外の住民についても、避難よりも屋内退避のほうがリスクを軽減できる場合には、屋内退避を選択する必要があるでしょう。その際、外部からの放射線の遮蔽や放射性物質の吸入による内部被曝の防止などの対策とともに、一定期間の滞在に備えて備蓄品を準備する必要があります。屋内でどんな場所にいればいいのか、放射性物質で汚染された外気の浸入をどう防ぐのかと

いった放射線防護の知識や、どのような備蓄品が要るのかなどを、事前に住民に伝えておくことが求められます。

4．住民に対する汚染検査にはさまざまな問題がある

　各道府県の原子力防災計画には、避難してきた住民は30km圏の出口付近で汚染検査と簡易除染を行い、その後に避難所に行くと書かれています。汚染検査の手順は、①車両の一部の汚染検査をする、②車両が汚染されていたら、乗っていた人の「代表者」1人の汚染検査をする、③「代表者」が汚染されていたら、車両に乗っている人全員を検査する、というものです（図4[*3]）。

　この手順には、「車両が汚染されていなかったら、なぜその車両に乗っていた人も汚染していないと判断できるのか」、「『代表者』は、いったい何を代表しているのか」、「『代表者』が汚染していなかったら、車両に乗った他の住民も全員が汚染していないとなぜ判断できるのか」といった問題があります。

　そもそも車両に乗った避難住民は、原発事故の後に屋内や屋外などそれぞれ別々のところにいて、別々の行動をしていて、別々のルートを通って車両にやってきました。すなわち、放射性物質による汚染に関してはそれぞれが全く異なった条件にあったのですから、1人に「代表」させることはできません。

図4　汚染検査の手順の問題点

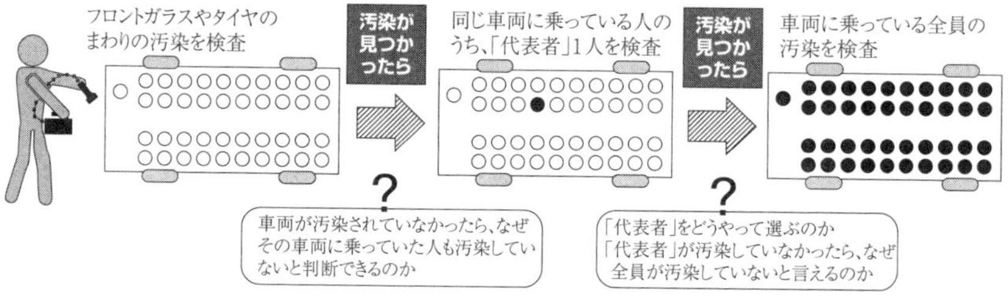

フロントガラスやタイヤのまわりの汚染を検査

汚染が見つかったら

同じ車両に乗っている人のうち、「代表者」1人を検査

汚染が見つかったら

車両に乗っている全員の汚染を検査

車両が汚染されていなかったら、なぜその車両に乗っていた人も汚染していないと判断できるのか

「代表者」をどうやって選ぶのか　「代表者」が汚染していなかったら、なぜ全員が汚染していないと言えるのか

　ほかにも汚染検査の手順には、放射線測定器の取扱い方法が間違っているなど、看過できないさまざまな問題があるため、根本から見直さなければなりません。その際、避難退避時検査場所がボトルネックにならないようにする対策も必要です。

5．放射線・放射性物質に関する基本的な知識を学ぶ必要

　原発事故が起こった際に自分の身を守るためには、放射性物質がどのように拡散・沈着し、そこから出てくる放射線がどのようなものであるかといった基本的な知識を持つことが大切です。避難や屋内退避などの行動においても、このことは不可欠です。ところが、原子力防災訓練の状況をこと細かに見ると、訓練の主催者にこれが欠けていることをしばしば目にします。

　原子力防災訓練では、住民の避難退避時検査の場所に簡易除染台が設置され、そこに「ポリエチレンろ紙」が敷かれます。これは非密封の放射性物質を扱う実験室では見慣れた風景ですが、必ず「ろ紙を表、ポリエチレンを裏」に敷かなければなりません。それは、放射性物質を含む溶液がこぼれた場合、ろ紙でそれを吸い取って、まわりに広げないためです。

　ところが、2019年11月に行われた石川県の訓練では、ポリエチレンろ紙が表裏をさかさまにして敷かれていました（以下、裏敷き）。ポリエチレンを表に敷くと、光を反射して表面が光って見えるため、遠くから見ても裏敷きと分かります。ところが、除染台のまわりにいた十数人は誰も気づかず、筆者が「これ、裏ではないですか」と話すと、あわてて一斉に敷き直していました。

　こうした裏敷きが起こるのは、ポリエチレンろ紙を「何のために敷くのか」が理解されていないからです。放射線や放射性物質に関する基礎知識を持たずに訓練を漫然とくり返していても、実際の原発事故の際に住民を守ることはできません。

　原子力防災訓練では、放射性物質による汚染を拡大しかねない動作や、放射線測定器の使い方が間違っているなど、さまざまな問題が見られます。放射線や放射性物質について熟知し、非密封の放射線源の取り扱いに習熟した専門家などのアドバイスを受けながら、原子力防災訓練での一つひとつの動作に問題がないかをあらためてチェックする必要があるでしょう。そのうえで、訓練全体のデザインを根本から見直すことも考えながら、原子力防災計画やそれに基づく訓練が、原発事故で放射性物質が放出された際に住民を守り得るものに不断に改善していくことが大切です。

　原子力防災対策とそれに基づく訓練がこうしたお粗末な状況にあるのは、

2013年に策定された新規制基準には原子力防災が審査対象に含まれておらず、実効性のある原子力防災対策がなくても原発の運転が可能になっているからです。国は、原子力防災対策を新規制基準の審査対象に組み込んでその実効性を真摯に検証し、原発事故から住民を守る対策を確立しなくてはなりません。それができないのならば、原発の運転はやめるべきです。

6．屋内退避施設の現状は新型コロナ感染対策と両立しない

　2020年春から世界中で、新型コロナウイルス感染症が猛威をふるっています。新型コロナウイルス感染症は、原子力防災対策にも深刻な影響を与えています。その理由は、被曝対策と新型コロナウイルス感染症対策は、相互に矛盾して両立しないものが多いからです。

　厚生労働省は2020年3月、新型コロナウイルスの集団感染（クラスター発生）の共通点として、①換気が悪く、②人が密に集まって過ごすような空間、③不特定多数の人が接触するおそれが高い場所、の3つをあげました[*4]。そのうえで、感染拡大を防ぐために「密閉・密集・密接」（三密）を避けるよう要請しました。ところがこの①〜③は、原発事故の際に屋内退避や避難を行う際に、避けることはとても困難です。

　先述したように、屋内退避は遮蔽効果や気密性が高いコンクリートの建物に籠ることです。原発事故で放射性物質が建物の外をただよっているのですから、換気すればそれが建物の中に入ってきます。それを防ぐために、屋内退避施設は窓やドアを高気密性にして、エリア内にフィルターを通した空気を導入して陽圧にします。ところが、このような被曝対策はいずれも、新型コロナウイルスの感染を拡大するものになってしまいます。

　また、屋内退避施設は「人が密に集まって過ごすような空間」であり、「不特定多数の人が接触するおそれが高い場所」にほかなりません。筆者がこれまで見てきた石川県内の屋内退避施設は、いずれも狭い空間に多くの人が密集して、長い時間をすごす仕様になっていました。こういった屋内退避施設で「三密」を避けることは、不可能といっていいでしょう。

7. 新型コロナ対策で規模を大幅に縮小した原子力防災訓練

　2020年に行われた原子力防災訓練でも、被曝対策と新型コロナウイルス感染対策の両立が困難であることが示されています。福井県嶺南地方で2020年8月27日、関西電力大飯原発3号機と高浜原発4号機の同時事故を想定して、原子力防災訓練が行われました。2019年の訓練は約1800人が参加しましたが、2020年は新型コロナウイルス感染対策のため約300人に縮小されました。^{*5}

　一時避難場所では、避難してきた住民を非接触型体温計で検温して、新型コロナウイルスの感染が疑われる人は別室に誘導する訓練が行われましたが、炎天下での行列で検温を待つために体温が上がってしまう住民もいました。一時避難場所の入り口では、避難住民が手や指などをアルコールで消毒していましたが、消毒したところが放射性物質で汚染していた場合、汚染を拡大してしまうことも想定しなければなりません。このような被曝対策と感染対策の区別が、きちんとされていたのかを検証する必要があります。

　バスによる避難では、これまではほとんどの座席を使っていましたが、「三密」を防ぐために27人に4台のバスが必要となりました。高浜、大飯両原発から5km圏内の避難だけで、これまでもバス100台以上が必要と見込まれていましたから、感染対策を行ったうえでの避難にはそれを大きく上回る台数の確保が必要となります。

　屋内退避施設では、感染防止のために隣人と2m以上の距離が確保できるようにして、テント型のパーティションが設置されました。そうすると建物に収容できる人数が足りなくなるため、高気密性で陽圧にするなどの放射線防護をしていないエリア内にも避難者を収容せざるを得ず、被曝対策と感染対策の両立はここでも困難をきわめます。

　2020年には、北海道電力泊原発、東北電力東通原発、東京電力柏崎刈羽原発、四国電力伊方原発、九州電力玄海原発などの周辺でも、住民が参加した原子力防災訓練が行われましたが、いずれも被曝対策と感染対策の両立のむずかしさが示されました。なお、北陸電力志賀原発と中国電力島根原発では、新型コロナ感染症拡大防止を理由に住民参加の訓練は行われませんでした。

　新型コロナウイルス感染症を抑え込めるようになったとしても、次の新興感

染症が襲ってくるのは間違いないでしょう。感染症だけでなく、台風や地震といった災害が原発事故と同時に起こることも想定しなければなりません。そういった状況のなかで、原子力防災対策がはたして実効性をあげることができるかどうか、検証しなければならないと考えます。

（児玉 一八）

参考文献

＊1 日本原子力研究開発機構「わが国の新たな原子力防災対策の基本的な考え方について」（2013年）

＊2 原子力規制委員会「原子力災害発生時の防護措置の考え方」（2016年3月16日）

＊3 原子力規制庁「原子力災害時における避難退避時検査及び簡易除染マニュアル」（2017年1月30日修正）

＊4 厚生労働省「新型コロナウイルスの集団感染を防ぐために」（2020年3月1日）

＊5 福井新聞、北陸中日新聞、毎日新聞、朝日新聞（それぞれ2020年8月28日付）

第4章

科学的な土俵を
共有して、
公正・公平な議論を

放射能災害とコロナ禍の科学論

1．災害への最善の対処法は科学的であること

　2020年から新型コロナウイルスが蔓延して、世界中で毎日多数の感染者・死者が発生しています。感染の広がりを防ぐ最善の対処法は、新型コロナウイルスの科学的知見に基づいて、「三密」を避ける、マスクをするなど、科学的に対処法をたて、それをみんなで守ることです。しかし、一部の政治家、米国のトランプやブラジルのボルソナロなどは、科学者の意見などは無視して、国民への適切な処置・指示を怠り、自身マスクも着けませんでした。こうした科学無視の指導者が君臨した国では、新型コロナは猛威をふるい、アメリカでは約24万7000人、ブラジルでも約16万6000人近い死者が出ています（2020年11月17日現在）。この数字を、曲がりなりにも科学的に対処してきた日本の1880人（同）の死者数と比較したとき、その差は明らかです。

　新型コロナにおける科学的対処の重要性について、疑問を抱く人は誰もいないでしょう。ところが福島第一原発事故の際は、事情が少し異なりました。

　福島第一原発事故が起きた際、事故の収束、放射能への対応などについて、私は科学的に対処することの重要性を強調しました。ちなみに私が福島第一原発事故後最初に出版した本は『シビアアクシデントの脅威─科学的脱原発のすすめ』（東洋書店、2012年）でした。また、福島第一原発事故の10年前に書いた『廃炉時代が始まった』（朝日新聞社、1999年。2011年リーダースノート社から再刊）という本でも「事故を支配する自然と向かい合い、理解しようと努めているのは科学者である。扱い方を誤ると『自然』は人間に復讐するという。科学的認識がねじ曲げられ、政治優先・経済優先で事を運ぶなら、巨大事故の発生という形で人間は『自然』に復讐されるだろう」と書きました。しかしこう

した私の言動は「科学至上主義だ」と批判されました。わざわざ論文を書いて私に送ってくださった方もいます。

　新型コロナに対しては科学的、放射能に対してはそうでなく、と使い分ける必要があるのでしょうか。私はそうは思いません。新型コロナに対しても放射能に対しても、その災害の原因を科学的に究明して、これに基づいて被害をどう最少にするかが問われています。今後人類にどのような災害が降りかかってくるかわかりませんが、自然災害である限り、科学を基本に置かなければならないことはいうまでもありません。

　このように科学は災害に対処するうえで大変頼もしい味方ではありますが、そうかといって科学の論理は人間の論理から見て、必ずしもすんなりとは受け入れられるものではありません。久しぶりに友人と会ってゆっくりおしゃべりをしようと思っても、三密を避けろと禁じられてしまう。これは非人間的です。さらに、科学は便利な生活を提供してくれるとともに、核兵器を作り出し、人類を絶滅させるかもしれません。

　人間の論理（人間の価値観、倫理、道徳などといい直すことができます）から見て科学とは何なのか、以下、新型コロナから少し離れて、核兵器や原子力問題に沿って科学論・技術論の論争の歴史を振り返りつつ考えてみましょう。

2．科学の論理と人間の論理－ザインとゾレン

　私の知る限りでは、科学者の仕事を最も厳しく批判した人物は唐木順三です。彼は 1980 年死ぬ間際に書き上げた『「科学者の社会的責任」についての覚え書』[*1]の中で、当時パグウォッシュ会議が「核兵器は絶対悪である」と宣言したことに言及しつつ、その核兵器を作ることに貢献した現代物理学も絶対悪であるはずである。しかるに、現代物理学の最先端を研究する湯川秀樹は、研究の中で未発見の事柄を見い出す折の喜悦をたびたび書いている。そこに「懺悔がない」と述べて、当時ノーベル物理学賞を受賞して、国民的支持を受けていた湯川に対して厳しい批判を行いました。

　これを反撃したのが湯川の弟子筋にあたる武谷三男でした。武谷は『科学者の社会的責任—核兵器に関して[*2]』の中で「カント以来、ザインとゾレンは分離している」「発明をどう使うかは社会の構造の問題だ。だけど科学者がいち

ばんどう使われたらどのような結果を生むということを知っている」「核兵器の出現によってこの分離は終わった」などと述べています。ここで「ザイン」とはドイツ語で「である」という意味で、「光は波で<u>ある</u>」というように、科学的記述（科学的論理）を示し、「ゾルレン（ゾレン）」とは同じく「すべし」の意味で、倫理や損得など「人間の側の論理」を示しています。したがって、「ザインとゾレンの分離」とは「カント以来哲学者も科学と倫理は別物だと区別してきた」という意味です。

武谷という人は、「原子力の平和利用三原則」の提起をはじめ、原子力導入の時期に活躍した人です。素粒子論分野の研究者であり、その研究者としての経験を活かし、科学論・技術論の分野でも大変明快な論旨で論陣を張り、戦後民主主義の旗手ともいうべき活躍をしました。その彼が、「この分離は終わった」とすぐ否定したにもかかわらず、なぜ「ザインとゾレンは別物である」とわざわざ述べたのでしょうか。

私は、その理由は武谷の自然科学の研究者としての経験がいわせたものと思います。武谷は上記『科学者の社会的責任』を発表するかなり以前、自然科学について次のように述べています。「物理学では自然という相手があるでしょう。そしてそれに忠実であることが第一に必要です。だから結局相手がこたえてくれる。なかなか、相手はこたえてくれないが、いろいろなことをやって相手にこたえさせるのですよ[*3]」

自然は人間（の認識）とは独立に存在して、その性質を解明するためには注意深く相手の声に耳を傾けなければなりません。それが科学者の仕事です。そこには倫理や利害（価値観）など人間の側の論理が介在する余地はありません。これを「科学の価値中立性」ともいいます。新型コロナのワクチンを開発するためには、研究によって新型コロナウイルスの性質を正確に解明することこそが重要であって、世界最大の権力者であるアメリカ大統領の命令で期日までにワクチンを開発しなければならないなどという、人間の側の論理は自然には通じないのです。そのことを認識せずに、あと数か月でワクチンが開発され、新型コロナ災いは去っていくなどと断言するトランプの姿は漫画以外の何物でもありませんでした。

科学と人間（社会）とのかかわりを議論する（これがとりもなおさず「科学論・技術論」ですが）場合には、①ザイン（科学）とゾレン（倫理・価値観）をはっ

きり区別すること、②ザイン（科学）には自然の姿が反映されていること（実証性）が基本であり、この仕組みをしっかり把握しておくことが大切です。

3．前のめりになった科学者たち

　原発事故の後、一部の科学者たちはいわば「前のめり」になっていたように思えます。それは原発事故で被災した人たちの味方にならなければという気持ちが根底にあったからかもしれません。その結果、例えば放射線の被害が過度に強調されました。学問的討論の席でもそれを批判すると、たちまち「政府の回し者だ」「何とか研究所の所長だから体制的立場に立つのだ」などとバッシングにあう始末でした。

　しかし、これは先に述べた自然の論理（ザイン）と人間の論理（ゾレン）をごっちゃにした議論です。科学の論争であれば、どちらが正しいか、例えば実験によって検証し、決着が着くはずです。科学論争の基本はそれが真実であるか（実証されているか）否かで判定されるべきであって、科学論争に倫理的な批判を持ち込むのは「正義の味方」のように思えて、実は科学論争を「信念論争」に変えてしまいます。

　ガリレオ・ガリレイが地動説を唱えたとき、まさにこの問題が起きました。ガリレオはローマ教会の圧力にも屈せず、天文観測という事実に基づいて、地動説を主張しました。一方ローマ法王庁は、神の創り給うたこの世界が宇宙の中心でないはずはない、と地動説を弾圧しました。圧力に屈したとき、ガリレオは「それでも地球は動いている」とつぶやいたといわれます。そしてここから近代科学が始まったといわれています。科学論争に倫理や宗教などの人間論理を持ち込むのは、科学をガリレオ以前への先祖返り、つまり中世の迷妄にもどすことになるでしょう。科学論争の判断基準はあくまで、実証されることなのです。

4．ザインとゾレンの分離だけでは無責任

　先に少し触れましたが、武谷は「ザインとゾレンは別である」と述べたすぐ後に、「しかし核兵器が出現した現在はその分離は不可能になった」と述べ

ています。その理由として、核兵器が使用されるとすれば何百発も使用されて人類は滅亡するだろう。それは使える兵器ではなく、したがって原子力は（核兵器のように）悪いようには使えない、という理由からです。武谷はこれを「ヒューマニズムの立場にたった科学主義」であるとしています。[*4]「ザインとゾレンは分離している」と結論付けただけではあまりにも無責任で、第一、唐木への反論にもなっていません。それで核兵器の出現した現在は、科学を進めることがイコール人道的な道でもあるのだと宣言したのです。

　しかし、1980年当時ならばともかく、依然として現実に核兵器が使用される恐怖にさらされている現在からみると、あまりにも楽観的過ぎる見方のように思えます。科学論としても、核兵器が出現したから、ザインとゾレンは結合したのだという説明は、何か説得力がないように思えます。

　実は、「ザイン」と「ゾレン」をどう結びつけるかというのは大変な難問で、科学論や哲学の上で誰もが納得できる回答は得られていないのです。もう少し科学論と哲学についてお付き合いいただく必要があるのですが、紙数の関係で割愛します。ただ以下に述べるように、科学を利用する過程（つまり「技術」）で、より正確には、近代に入って整備された工学の分野において、科学と人間の価値観とに一種の「折り合いをつける」ために、「規格」とか「基準」という考え方が用いられていることは指摘しておく必要があります。

5．工学（技術）は人間の価値観を反映する

　ここまで、科学と人間の価値の問題は区別して考えなければならないことを強調してきましたが、このようにいうと、すぐに批判の声が返ってくるような気がします。「原発は科学に基づいて作られたものだ。しかしある人は直ちに全廃すべきだといい、他の人は運転を続けても良いという。人間の価値判断が入り込んでいるではないか」と。それは、原発は技術（工学）に基づいて作られたものだからです。

「技術とは人間実践における客観的法則性の意識的適用」という武谷の有名な規定がありますが、「意識的適用」とは何か、技術論の素人である私にはこれを論じたものがあるのか、よく知りません。しかし、「意識的適用」の部分は、近現代に入ってから技術が工学として体系化されてよりはっきりしたのではな

いでしょうか。

例えば、橋を架けることを考えてみましょう。ある設計のもとでの構造強度は力学を使って正確に計算することができます。想定される荷重にある安全係数（例えば３）を掛けた値に、計算値が下回らないように必要な材料等を用いて実際に橋が建造されます。この安全係数とは何か。大きくすればするほどより安全な橋が作れますが、そうするとコストがかかり経済的に引き合いません。いわば安全性と経済性との綱引きで決められ、ＪＩＳ規格などとして制定されています。規格はそれを制定した人間（団体）の価値観を反映しています。そして、今日ではあらゆる工業製品がこの規格・規準（standard）のもとで作られます。規格なしには自転車１台、鉛筆１本作ることができません。

規格は工業製品だけでなく、例えば食品の消費期限などもそうです。期限が切れると大量の食品が廃棄されますが、これがあるからこそ、スーパーやコンビニなどの流通機構が機能しているのです。

基準は一種の制度ともいえますが、工学におけるこうした制度的なものに着目したのが、ボイラーの専門家で技術史の研究家でもある石谷清幹です。彼は工学が価値哲学を含んでいるといっています。[*5]

福島第一原発事故の後に発足した原子力規制委員会は新規制基準を策定し、これに基づき各地の原発の再稼働を次々に認めました。策定にあたって規制委員会は「考え方」[*6]を発表し、「規制制定についても専門技術的裁量が認められる」と専門家が決めることの重要性を強調しました。しかし原発事故がいったん起これば重大な被害を一般市民に及ぼします。単に専門家だけでなく一般市民の意見が基準に反映されなければならないのは当然でしょう。その意味で、いま新規制基準や再稼働の適合性審査の技術的批判[*7]を強化するとともに、中立を装いながら、（原子力）学会などが固くガードしている基準に市民の声をどう反映させるかが問われているといえます。

（舘野　淳）

参考文献

＊１　唐木順三『朴の木』筑摩書房（1980 年）

＊２　武谷三男『科学者の社会的責任―核兵器に関して』勁草書房（1982 年）。なお当時の武谷の言説に関して、八巻俊憲氏および武谷三男資料研究会の皆様に

ご教示いただいたことを感謝いたします。

＊3　武谷三男、磯田進「物理学の理論と方法」『法律時報』1956年5月1日号

＊4　八巻俊憲「武谷三男（1911-2000年）の思想構造」『技術文化論叢』第19号（2016年）、51-67頁

＊5　石谷清幹「工学の本質と基礎」『日本機械学会誌』75巻638号（1972年）、345頁

＊6　原子力規制委員会『実用発電用原子炉に係る新規制基準の考え方について』（2017年改訂）

＊7　舘野淳、山本雅彦、中西正之『原発再稼働適合性審査を批判する』本の泉社（2019年）

放射線（能）に関連する
流言飛語をふり返る

◆────────────────────────◆

　社会心理学者G．W．オルポートとL．ポストマンは、流言飛語（デマ）の飛び交う量は、事柄の重大性と状況の曖昧性の積に比例するという公式を見出しました。これに従えば、デマの発生を防止するには事柄の重大性か状況の曖昧性のいずれかをゼロにすればよいことになります。

　類例のない3基同時炉心溶融（メルトダウン）という大事故を起こした福島第一原発の場合、事柄の重大性はもう取り返しがつきません。それならなおさら政府は、同事故に関連する情報を国民に逐次公表し、状況の曖昧性を可能な限り低く抑えるべきでした。しかし、政府の当初の対応が拙劣だったため、とりわけ放射線（能）に関連するさまざまな偽情報・誤情報が飛び交いました。

　福島第一原発事故当時、54基の原発を稼働させながら、学校教育の現場では放射線（能）教育がほとんど行われてこなかったことも、偽情報・誤情報の拡散を助長させました。知らずに善意で偽情報・誤情報を発信した人もいたでしょう。意図的に偽情報・誤情報を発信した専門家もいました。本節では、福島第一原発事故直後に実際にあった流言飛語（デマ）の中から「福島第一原発で再臨界が起こっている」、「福島は放射線管理区域であり避難すべきである」、「福島の人たちには逃げる勇気を持ってほしい」という言説をふり返ります。

1．福島第一原発で再臨界が起こっている？

　2011年3月25日夜、東京電力は福島第一原発の1号機タービン建屋地下の溜まり水から、塩素38（Cl-38）が高濃度（1.6×10^6 Bq/cm^3）で検出されたと発

表しました。*2 Cl-38 は半減期 37.24 分の放射性核種ですが、核分裂生成物ではありません。天然同位体存在比 24.2%の安定核種である Cl-37 が中性子を捕獲する $^{37}Cl(n,\gamma)^{38}Cl$ 反応により生成します。原子炉冷却材は高純度の水であり、本来は塩素が含まれることはありません。

しかし、原子炉を冷却するため、1 号機は 3 月 12 日から消火系ラインを使って海水の注入が行われており、冷却材の塩分濃度はほぼ海水に近いものでした。原子炉建屋地下の溜まり水はタービン建屋地下に流入していました。タービン建屋地下の溜まり水に Cl-38 が高濃度で検出されたことは、海水とほぼ同じ塩分濃度になっていた冷却材中の Cl-37 の中性子捕獲反応により Cl-38 が生成したことを示唆するものでした。

とりもなおさず、それは核分裂連鎖反応が再び起こっていること（再臨界）を意味します。専門家のこの日一番の関心事は、再臨界が起こっているか否かに尽きました。

深夜、この問題で 3 人の報道記者から電話取材を受けました。私はおおむね次のように応えました。「Cl-38 が検出されたのであれば、再臨界が起きている可能性は高い。しかし、再臨界が起きているなら、中性子線の線量率が急増しているはずで、そのデータを確認する必要がある。もう一つは、中性子捕獲反応により生成する Cl-38 ではなく、核分裂により直接生成する短半減期の核分裂生成物（たとえばヨウ素 134 やバリウム 139 など）が高濃度で検出されるはずで、そのデータを確認する必要がある。どちらか一つでも確認できれば再臨界は起こっている。確認できなければ再臨界が起こっているとはいえない」*3 と。

しかし、東電の発表資料からはいずれも確認できませんでした。加えて、別の研究者は当時、1 号機タービン建屋地下の溜まり水からナトリウム 24（Na-24）が検出されていないことから、再臨界に否定的でした。冷却材の中に塩素が含まれるなら、当然ナトリウムも含まれるはずです。半減期 14.957 時間の Na-24 は、天然同位体存在比 100%の安定核種である Na-23 が中性子を捕獲する $^{23}Na(n,\gamma)^{24}Na$ 反応により生成します。Cl-38 が検出されているなら、Na-24 が検出されてしかるべきだというわけです。

実は、1 号機タービン建屋地下の溜まり水から Cl-38 が検出されたという発表から数時間後、東電は発表データに間違いがあったと訂正しました。詳細は後日分かることですが、間違いの原因は次のようなものでした。*4 高純度ゲルマ

ニウム検出器を用いた核種分析装置により測定されたデータは、「核種ライブラリ」と呼ばれる解析ソフトを用いて解析され、核種の種類、放射能濃度などの分析結果が印字されるようになっています。おそらく核種は「Cl-38」、試料採取時点の放射能濃度は「1.6×10^6 Bq/cm^3」と印字されてきたのでしょう。それを東電が検証することなくそのまま発表したのが間違いの元でした。

　ガンマ線スペクトルを確認すれば、Cl-38 のガンマ線エネルギー（1643 keV）に相当する明確なピークがないことにすぐに気づいたはずですが、核種ライブラリが Cl-38 と誤認し、半減期 37.24 分で減衰補正を行って試料採取時点（約8時間前）にさかのぼって放射能濃度を算出したため、桁違いに大きな値になったのです。時々ある核種ライブラリのミスで、だからこそガンマ線スペクトルを常に確認する必要があるのですが、東電の放射線管理担当グループがその確認を怠ったのです。[*4]

　3月27日にも東電は2号機タービン建屋地下の溜まり水から半減期 52.5 分の I-134 が高濃度（2.9×10^9 Bq/cm^3）で検出されたと発表し、数時間後に間違いだったと訂正しています。放射線管理担当グループとしては恥ずかしい初歩的ミスの連続です。

　東日本大震災・福島第一原発事故の発生から約2週間後、福島第一原発の職員は自宅に帰れず、風呂にも入れず、1日2食のコンビニ弁当を食べて必死に事故の対応にあたっていました。たぶん疲労困憊といった状況にあったのではないかと想像します。こんな初歩的ミスを連続して犯すような状況で事故対応は正しくできるのか、本当に大丈夫なのかと心配したのを覚えています。

　ところが東電がデータに間違いがあったと発表したにもかかわらず、Cl-38 が検出されたという東電の最初の発表のみに依拠し、その後1か月間以上も再臨界の可能性を主張し続けた反原発の専門家がいました。[*3]再臨界が起きていれば反原発運動に有利だとでも考えたのでしょうか。理解できかねます。専門家として発言するのではなく、反原発の活動家としての立場を優先させて発言する専門家を私は信頼しません。何も反原発が悪いというわけではなく、原発の是非についての信条と明確に区別したうえで、再臨界についての科学的な議論をしなければならないと考えるからです。それを区別できない専門家は専門家の名に値しないといってよいと思います。

２．福島は管理区域に相当し避難すべき？

　福島第一原発事故直後の 2011 年３～５月頃、「福島は放射線管理区域に相当するので人は住んではいけない。避難すべきだ」という言説を何度も耳にしました。内容の間違いとともに、「福島」というひとくくりで県全域を十把一からげに論ずる鈍感さに辟易したのを覚えています。そもそも放射線管理区域とは何でしょうか。

　第２章第３節で、「ICRP 2007 年勧告」の３つの被曝状況の分類「計画被曝状況」「緊急時被曝状況」「現存被曝状況」について触れました[*5]。計画被曝状況は、線源が管理されており被曝が生じる前に放射線防護対策を前もって計画することができ、被曝の大きさと範囲を合理的に予測できる状況をいい、放射線業務従事者が日常行っている作業などが該当すると述べました。

　ICRP 勧告の言葉を借りれば、線源が管理されており、被曝が生じる前に放射線防護対策を前もって計画・設定した区域の一つが放射線管理区域だといえます。線源を取り扱う場合、当たり前のことですが周辺の人の被曝を防ぎ、立ち入る人を制限して無用な被曝を避けることが求められます。そういう観点で事業所内に設定される場所が管理区域です。

　管理区域内には線源（具体的には非密封線源、密封線源、放射線発生装置）があります。例えば、非密封線源を取り扱う場合、管理区域内には使用施設（作業室、汚染検査室）、貯蔵施設（貯蔵室、貯蔵箱）、廃棄施設（排気設備・排水設備、保管廃棄設備）などが必ず設けられます。

　法令では管理区域の基準を、①外部被曝が実効線量で３か月間に 1.3mSv を超え、あるいは超えるおそれのある場所と定めています。さらに、非密封線源を取り扱う事業所では、②３か月間の空気中の放射性核種の平均濃度が空気中濃度限度（告示別表第２の第４欄）の 10 分の１を超え、あるいは超えるおそれのある場所、③表面汚染が表面密度限度（告示別表第４）の 10 分の１を超え、あるいは超えるおそれのある場所を管理区域として定めなければなりません。

　管理されているとはいえ実際に線源があるため、管理区域の境界には、人がみだりに立ち入らないようにする施設が設けられます。施設といっても、実態は建物の外壁や建物周辺に設けた柵やフェンスの場合がほとんどです。施設に

近づく人に管理区域であることを明示するため、標識を管理区域の出入り口や境界に付けなければならない決まりになっています。他にもいろいろと法令上の決まりがあります。計画被曝状況であるからこそ、さまざま防護措置を前もって計画・設定することができるのです。

さて、事故当時の福島県はどのような状況だったでしょうか。ICRP流にいえば、福島第一原発と避難指示区域（警戒区域および計画的避難区域）は緊急時被曝状況にありました。避難指示の基準として政府が採用したのは、緊急時被曝状況における参考レベルである短期または年間の線量として 20 ～ 100mSv の中で最も低い年 20mSv でした。

福島県内のその他の地域は現存被曝状況にありました。現存被曝状況下にある当該市町村は、避難指示区域からの避難者を受け入れつつ、空間線量率の把握、住民の外部被曝を低減させるための除染、住民の内部被曝を低減させるための農産物の汚染検査などに取り組みました。初めは 1 台もなかった放射線測定器を購入し、検査要員も確保して検査体制を徐々に拡充させながらの取り組みで、その苦労は並大抵のものではなかったはずです。放射線（能）について国民が満足な知識を持っていなかったため当該市町村は何度も学習会を開催し、担当職員も住民と一緒になって参加し学習しました。

管理区域の話に戻しますが、管理区域は線源が管理されている計画被曝状況における放射線施設の環境の管理基準の一つです。それをそもそも線源が管理されていない現存被曝状況に当てはめること自体が間違いです。加えて、管理区域の基準①を年換算すると 5.2mSv になります。被曝に伴うリスクとそのリスクを避けるために住民を避難させることに伴うリスクを比較考量し、後者が前者を上回る場合には住民の避難は正当化できません。現存被曝状況においては、防護措置としての避難は新たにより大きなリスクを発生させる可能性が極めて高く、そもそも考慮の対象外です。

なお、前述の管理区域の基準①～③は放射線業務従事者以外の人がみだりに立ち入らないようにするために定められたものであり、「安全」と「危険」の境界を意味するものではありません。同様に、計画被曝状況における一般人の線量限度（年 1mSv）や放射線業務従事者の線量限度（5 年間の平均で年 20mSv かつ単年度で 50mSv など）も、「安全」と「危険」の境界を意味するものでないことは誤解のないようにしていただきたいと思います。

「管理区域に人は住んでいけない」も噴飯物です。計画被曝状況における管理区域はそもそも線源を取り扱うために設定される区域なのですから、必要のない人が管理区域に立ち入ってはいけないし、当然、寝泊りは不可、居住も不可に決まっています。福島第一原発事故では、政府が年 20mSv を避難基準として採用し、これを超える地域住民を強制避難させました。年 20mSv 以下のその他の地域は現存被曝状況にあり、政府が参考レベルを設定し、除染を含め住民の防護措置を計画し講ずる必要がありました。

　除染についていえば、問題は政府が「長期的には年 1 mSv をめざす」といいながら、第 2 章第 3 節で触れたように、当面する除染の目標（参考レベル）を 1 〜 20mSv の中のどこに設定して実施するかを明示しなかったことです。当初は「年 5 mSv」という除染目標が聞こえていたのですが、いつの間にか立ち消えになり、「長期的には年 1 mSv をめざす」ことだけが残りました。それでも住民の安心・安全を確保するために除染が必要不可欠であることは議論の余地がなかったため、当該市町村は真摯に除染に取り組みました。

３．福島の人たちには逃げる勇気を持ってほしい？

　2014 年発行の『週刊ビッグコミックスピリッツ』掲載漫画『美味しんぼ』「福島の真実編」と言えば、大騒ぎになった「鼻血事件」を覚えている人が多いでしょう。

　短期間に全身が 500 〜 1000mSv を超える高線量の被曝をすると、出血の起こる可能性があります。出血症状の 1 つが鼻血ですが、福島県内でそのような高線量の被曝をする状況はなくデマでした。実は「福島の真実編」には、ほかにもたくさんのデマがちりばめられています。[*6] いくつかを紹介しましょう。

　福島第一原発敷地内をバスで視察した主人公たちに鼻血が起こり、福島に行くようになってからひどく疲れやすくなったと話す場面が描かれます。前双葉町長が実名で登場し、「福島では同じ症状の人が大勢いますよ。言わないだけです」などと、さも意味ありげに話します。「福島の放射線と鼻血とを関連づける医学的知見はありません」と主人公を診察した医師に語らせるものの、全体として被曝と「原因不明の鼻血」や「耐え難い疲労感」との因果関係を強く印象操作するものとなっています。さらに、前双葉町長が再び登場し、「鼻血

が出たり、ひどい疲労感で苦しむ人が大勢いるのは、被ばくしたからです」と断定します。

　福島第一原発事故後に何度も福島県に行った者としていえば、鼻血や耐え難い疲労感を体験したことは一度もないし、講演会場でそのような質問や相談をされたこともありません。私が放射線アドバイザーを務める自治体の職員からも、そのような話を聞いたことはありません。『美味しんぼ』の原作者が福島県に行って鼻血を出したことや疲労感のあったことまで否定するつもりはありませんが、同じ症状の人が「大勢います」とは到底信じられません。

　大勢の県民が「原因不明の鼻血」や「耐え難い疲労感」で苦しんでいるにもかかわらず、「言わないだけ」で黙っているという描き方も疑問です。これは福島県民を侮辱する以外の何物でもないでしょう。だからこそ漫画を読んだ多くの県民が批判や抗議を出版社や原作者に寄せたのではないでしょうか。

　大阪で受け入れた震災がれきを処理する焼却場近くの住民を調査した結果として、1000人中800人が鼻血、眼、呼吸器系の症状が出ているとする描写があります。大阪で受け入れた震災がれきは岩手県のものです。それにもかかわらずなぜ県名を伏せて福島県の震災がれきであるかのごとく読者を錯覚させ、「福島の真実」と称して描写するのでしょう。1000人の住民に対する調査は、震災がれきの広域処理に反対する大阪の団体がネットを通じて行ったもので、回答者は近畿一円、大阪市内は約3割に留まり、回答者の実在の有無や実際の病状内容については確認していないことも後日明らかになりました[*7]。

　また、当該団体の担当者が「科学的な根拠を得るには、専門家が一例ずつ見る必要がある。だが何の連絡もなく、突然、違う内容で掲載された」と、調査結果を原作者に仲介した岐阜市の開業医と原作者に困惑していることも、後日明らかになりました[*7]。これが「震災がれきを処理する焼却場近くの住民」の実態でした。

　何人かの登場人物が「福島県には住むな」「今の福島に住んではいけない」「福島はもう住めない、安全には暮らせない」などと主張する場面があります。この主張の理由付けとして、鼻血や耐え難い疲労感に加え、「除染をしても汚染は取れない」「汚染物質が山などから流れ込んで来て、すぐに数値が戻る」「除染作業は危険」などと、除染を全否定する描写が繰り返し出てきます。

　除染をした場所の空間線量率がもとの数値に戻るような場所は、山間部など

の非常に特殊な場所に限られるのではないでしょうか。私がアドバイザーを務める自治体では当時、除染作業に熱心に取り組みました。除染した場所の空間線量率がもとの数値に戻ったことは一度もありません。むしろ、除染することにより地域の空間線量率は確実に低減し、住民から大いに喜ばれました。除染は放射線作業に相当するとはいえ、必要な防護措置を講じて作業を実施すれば、安全に行えます。

　除染を否定することは、福島県内で行われた各自治体の除染作業に水をさすものでしかなく、住民にとって受け入れ難いものです。

　最終話では、主人公の父親が「福島の人たちに危ないところから逃げる勇気を持ってほしい」と大言壮語します。本稿の見出しにしたこの言葉こそ、「福島の真実編」全体の真の主題です。漫画発行の2014年春には、すでに避難指示区域の住民は避難しているので、原作者は避難指示区域外の全県民に自主避難をする勇気を持ってほしいと呼びかけているわけです。

　福島県内の震災関連死は漫画発行時までに約2000人いました。多くは「原発事故関連死」であり、避難に伴う犠牲者も少なくありません。無責任にも程があると言ったら言い過ぎでしょうか。結局、『美味しんぼ』「福島の真実編」は、「福島の真実」と称しながら「福島の現実」から人びとの目をそらし、福島県の復興事業に水をさすものでしかありませんでした。

　以上が「福島の真実編」のデマの一端です。最後に『美味しんぼ』の一件を通じて思うところを順不同で述べようと思います。

　第1は、「たかが漫画に目くじらを立てることはないではないか」という人にいいたいと思います。

『ドラえもん』をデマだといって批判する人はいないが、『美味しんぼ』「福島の真実編」をデマだと批判する人は多い。この違いは何でしょうか。前者は誰もがフィクションだと思って読みます。後者は福島第一原発事故に由来する現在進行中の福島県内の被害を描いており、前双葉町長、岐阜市の開業医、福島大学准教授など実在する人物が実名で登場します。おまけに「福島の真実編」と副題が付いているので、誰もがノンフィクションだと思って読みます。体裁は漫画でも実態は時事問題を扱った記事なのです。記事なら信憑性が問われて当然です。

第2は、「福島の真実編」発行の11日後、福島県相馬郡医師会および相馬地方市町村会[*8]がそれぞれ実施した「住民の健康状態に関するアンケート調査結果」[*9]を公表しました。調査を依頼したのは自民党環境部会ですが、調査結果によれば鼻血は福島第一原発事故後に増えていません。公立相馬総合病院耳鼻咽喉科が公表している「新患患者中の鼻出血症の月別の推移」[*10]も、鼻血は事故後に増えていません。

　それにもかかわらず鼻血問題が大騒ぎになった当時、「鼻血論者」の多くは低線量被曝説、過酸化水素説、放射性微粒子説などの珍説を繰り広げました。その間違いについては参考文献[*6]を参照していただくこととして、珍説を繰り出す姿が私にはとても滑稽に見えました。そもそも福島第一原発事故後に鼻血が増えたとする調査データがないのに、なぜかくも熱心に珍説を発明しようとするのか。その意図が分かりません。分かっていたのは、鼻血論者の多くは反原発派であることです。

　私が信頼する福島大学名誉教授の清水修二さんは、「原発の是非」と「福島第一原発事故による放射線被曝の影響の大小」の問題は区別して扱うべきである、後者については科学的な検討・検証に基づいて論じるべきであり、影響評価に政治的な価値判断を持ち込んではならないと言っています[*6]。清水さんの見解に賛成です。しかし、福島第一原発事故後、両者を区別できない曲学阿世の徒が大勢いることを思い知らされました。

　第3は、「福島の真実編」を擁護した専門家にいいたいと思います。

　一般に、事態を正しく把握できない場合、当然、専門家の間で意見の不一致が生じます。しかし、時の経過とともに正確なデータが蓄積されて事態を正しく把握できるようになれば、意見の不一致を克服して一つの合意内容に収束するはずです。

　実はそういう「高級な話（？）」ではなく、「福島の真実編」で大騒ぎになった福島の被曝と鼻血の関係などは、放射線医学的には最初から議論にもならないような低俗な代物でした。当時、漫画を擁護した専門家たちはいまどう弁明するのでしょうか。とりわけスピリッツ編集部が取りまとめた特集記事「『美味しんぼ』福島の真実編に寄せられたご批判とご意見」[*11]で擁護論を展開した専門家たちには、現在どう考えているか尋ねたいと思います。口をつぐんで世間が忘れ去るのを待っているのであれば、あまりに情けない姿ではないでしょ

うか。

第4は、福島県民に対する偏見と差別の問題です。

漫画の登場人物が語る「福島はもう住めない、安全には暮らせない」「除染をしても汚染は取れない」「危ないところから逃げる勇気を持ってほしい」などの恐ろしく鈍感な台詞を、多くの福島県民がどういう気持ちで受け取めたか、福島県民の心情をどれだけ傷つけたか、原作者は皆目想像できないようです。

国民学校1年の時に広島で被爆した作者の体験を基にした自伝的漫画『はだしのゲン』は、被爆者が遭遇した結婚差別や就職差別などを赤裸々に描いています。『はだしのゲン』を持ち出すまでもなく、被爆者は病気と貧困の悪循環に加えて、日常生活の中でさまざまな社会的差別を受けました。原爆被害、放射能汚染、放射線障害に対する無知・無理解および偏見により、被爆者があらぬ侮辱を受けたという証言や相談は枚挙にいとまがないといいます。

『美味しんぼ』の原作者は反原発派であり、反原発運動を盛り上げるために、福島県内の実情を無視して「福島はもう住めない」などと主張しているように思えます。それは事実に基づかない偏見や差別、誹謗中傷の類でしかありません。今様に表現すれば、それはファクト（事実）ではなく偏見や差別に満ちたフェイクそのものです。福島県民をスケープゴートにするような主張や運動に未来はないと忠告しておきます。

第5は、これで最後ですが、悲しいかな被害者に対する差別・偏見、いじめは、広島・長崎の被爆者、水俣病などの公害被害者、福島第一原発事故の被災者、最近では新型コロナウイルス感染症関係者にも起こっています。新型コロナ関連では、感染者だけでなく治療にあたっている医療従事者やその家族、感染者の存在やクラスターの発生を公表した学校・事業所・介護施設などの関係者への差別的言動やいじめなどが起こっています。

偏見・差別、いじめを防止するには、感染症リスクに関する正しい知識を、可能な限り多くの国民が共有することが必要です。放射線（能）やウイルスは目に見えないから不気味な存在です。こうした脅威に正しく対応するために必要なことは、科学的知識の共有です。

流言論のオルポートとポストマンの言う「状況の曖昧性」を可能な限り低く抑えることができる力は、これまでの科学的研究で何が、どこまで明らかになっているかを確認し、その知識を共有することでしょう。無知・無理解から生ま

れる事実に基づかない偏見・差別、いじめを繰り返す不幸な歴史を、今度こそ断ち切ろうではありませんか。

（野口 邦和）

参考文献

＊1　廣井脩『流言とデマの社会学』、p.38 ～ 39、文藝春秋

＊2　東京電力㈱「福島第一原発1号機タービン建屋地下階の溜まり水の核種分析結果」http://warp.ndl.go.jp/info:ndljp/pid/6086248/www.meti.go.jp/press/2011/04/20110420006/20110420006-3.pdf

＊3　週刊新潮 2011 年 4 月 28 日号「鎮まらぬ『福島第一原発』専門学者 4 人に訊く」、p.117-122

＊4　東京電力㈱「核種分析結果の再評価における訂正のポイントについて」、2011 年 4 月 20 日、
http://warp.ndl.go.jp/info:ndljp/pid/6086248/www.meti.go.jp/pres/2011/04/20110420006/20110420006-7.pdf

＊5　国際放射線防護委員会『国際放射線防護委員会の 2007 年勧告（ICRP Publication 103）』翻訳発行社団法人日本アイソトープ協会

＊6　『美味しんぼ』「福島の真実編」に対する全面的な批判は、児玉一八、清水修二、野口邦和『放射線被曝の理科・社会』かもがわ出版（2014）を参照されたい

＊7　朝日新聞、2014 年 5 月 16 日付け

＊8　相馬郡医師会「住民の健康状態に関するアンケート調査結果について」、2014 年 5 月 23 日実施

＊9　相馬地方市町村会「住民の健康状態に関するアンケート調査結果について」、2014 年 5 月 23 日実施

＊10　相馬市公立相馬総合病院耳鼻咽喉科「新患患者中の鼻出血症の月別推移（2010 年 4 月～ 2014 年 3 月）」

＊11　小学館ビッグコミックスピリッツ編集部「『美味しんぼ』福島の真実編に寄せられたご批判とご意見」 ビッグコミックスピリッツ 2014 年 5 月 19 日発売号

第3節

放射線被曝と健康への影響を
どう考えるか

1．多くの女性が子どもを持つことをためらった

　第1章第4節でお話ししたように、福島第一原発事故とその後の避難は住民に甚大な影響をおよぼしました。私は、その中でもっとも深刻なものの1つが、「遺伝的影響への不安」であると考えています。

　福島県県民健康調査の「こころの健康度」調査では、「現在の放射線被曝で、

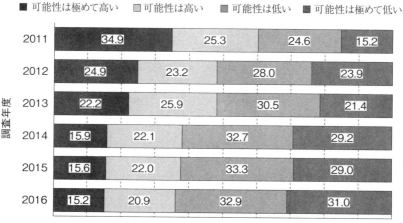

図1　放射線リスク（次世代影響）の認知状態

■ 可能性は極めて高い　□ 可能性は高い　■ 可能性は低い　■ 可能性は極めて低い

調査年度	可能性は極めて高い	可能性は高い	可能性は低い	可能性は極めて低い
2011	34.9	25.3	24.6	15.2
2012	24.9	23.2	28.0	23.9
2013	22.2	25.9	30.5	21.4
2014	15.9	22.1	32.7	29.2
2015	15.6	22.0	33.3	29.0
2016	15.2	20.9	32.9	31.0

出典：福島県県民健康調査「こころの健康度・生活習慣に関する調査」結果報告から作成

(156)

次世代以降の人への健康影響がどれくらい起こると思いますか」の問いに、2011年度には34.9%が「可能性は極めて高い」と回答しました。「高い」とあわせると、実に6割の人が放射線影響は「遺伝する」と考えていました（図1）。2017年度に質問様式が変更されたので、それ以前と比較はできませんが、2018年度の調査でも34%が「可能性は極めて高い・高い」と回答しています。

県民健康調査では、「妊産婦に関する調査」も行われました。その結果から、母親の多くが放射線被曝に伴う偏見・差別による不安をかかえていることが明らかになりました。また、若い女性の将来の妊娠・出産に対する態度は、放射線のリスク認知と関連していることが示唆されました。*1

表1　分娩した人の次回の妊娠・出産についての考え

	次回の妊娠・出産				「しない」理由が「放射線の影響が心配」	
	希望する		希望しない			
県　北	990	53.6%	825	44.7%	103	12.5%
県　中	1,100	53.4%	926	44.9%	193	21.1%
県　南	286	51.1%	267	47.7%	34	12.7%
相　双	244	50.2%	232	47.7%	37	16.1%
いわき	617	51.5%	555	46.3%	78	14.2%
会　津	439	53.8%	364	44.6%	27	7.5%
南会津	40	51.3%	37	47.4%	2	5.4%
県　外	59	63.4%	33	35.5%	1	3.0%
合　計	3,775	52.9%	3,239	45.4%	475	14.8%

出典：福島県県民健康調査「2012年度妊産婦に関する調査」結果報告から作成

表1は、2011年8月〜2012年7月に福島県内で母子手帳が交付された人に、次回の妊娠・出産についての考えを聞いた結果です。「希望しない」と答えた人のうち、14.8%が「放射線の影響が心配」がその理由でした。県中地域（郡山市など12市町村）では21.1%、福島第一原発に近い相双地域（南相馬市など12市町村）は16.1%にのぼります。5〜7人に1人が、遺伝的影響を恐れて子どもを持つのをためらったのです。そのため、生まれているはずだった子どもが生まれなかった、という事態が起こったと思われます。

2. ヒトに放射線による遺伝的影響は見つかっていない

　放射線被曝による影響は、被曝した時に妊娠していた胎児への影響と、生殖細胞（卵子と精子）を介した遺伝的影響に分けられます。それぞれについて、実際はどうだったかを見てみましょう。

　はじめに、胎児への影響についてです。福島第一原発事故後の妊娠と出産に関する調査が、災害時に妊娠していた8602人の女性で行われました。その結果、死産（在胎22週以上）の発生率は0.25％、早産は4.4％、低出生体重は8.7％、先天性異常は2.72％であり、これらの発生率が現在の日本の標準的な頻度とほぼ同様であることがわかりました[*2]。2011年度の調査で、このことはすでにわかっていたのです。

図2　福島県での先天奇形・先天異常の発生率

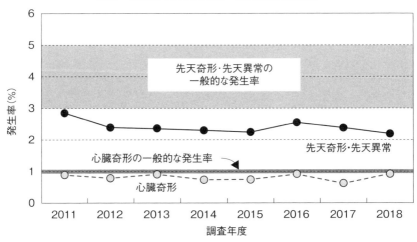

出典：福島県県民健康調査「妊産婦に関する調査」結果報告から作成

　さらに、2018年度までの結果も発表されています（図2）。日本での先天奇形・先天異常の一般的な発生率は3〜5％、心臓奇形の自然発生率は約1％といわれています。福島県の結果はこの頻度と同様のものです。心室や心房の中隔欠損、多指症、口唇口蓋裂など疾病別の発生率も、福島県と全国で頻度に有意差

は見られていません。

　次は遺伝的影響についてです。放射線の遺伝的影響はマラーが行ったショウ
ジョウバエの実験で発見され、ほ乳類ではネズミで見つかっています。ところ
がヒトでは、放射線による遺伝的影響は見つかっていません。[*3]

　広島・長崎で原子爆弾から高線量を浴びた親から生まれた子どもで、親の被
曝による次世代への影響は見られませんでした。また、原爆被爆後 1 年以上経
過した 1946 〜 54 年の間に、広島市と長崎市で生まれた約 7 万 7000 人の新生
児について、親の被曝による出生時の奇形への影響を調べたところ、被曝して
いない親から生まれた子どもと比べて、有意な差は認められませんでした。[*4]

　広島と長崎の被爆者で遺伝的影響が見つかっていないのですから、被曝量が
はるかに少ない福島県で遺伝的影響は現れません。

3．根拠がないのに「遺伝的影響」が口にされて広まった

　胎児への影響が見られないことが明らかになり、遺伝的影響は現れないと断
言できるのに、なぜ不安が広がったのでしょうか。それは、何の根拠もないの
に「遺伝的影響」を口にする「識者」がいたり、マスコミなどがそれを無批判
に広げたりしたからです。日本生態系協会会長が講演で言い放った、「福島ば
かりじゃございませんで栃木だとか、埼玉、東京、神奈川あたり、あそこにい
た方々はこれから極力、結婚をしない方がいいだろう」、「結婚をして子どもを
産むとですね、奇形発生率がどーんと上がることになる」は、その象徴です。[*5]

　放射線影響に関する知識には、1895 年にレントゲンがエックス線を発見し
た直後から 100 年を超える蓄積があり、多くのことはすでにわかっています。
それなのに、「わかっていない」の一言で「わかっていること」まで無視され
てきたことも、深刻な事態にいっそう拍車をかけました。

　ところが、こういった根拠のない「遺伝的影響」を口にしたり、「わかって
いない」と放射線の危険をあおったりした人たちから、その責任の重さを自覚
した反省を聞いたことがありません。それどころか、「国や電力会社を糾弾す
るためには、多少話を盛ったって構わない」とか、「原発をなくす運動では、
真実でないことを語っても許される」と免罪するのさえ見受けられました。

　このような人たちは、「私はもう、結婚して子どもを産めないの」と考えた

子どもたちや、福島県に生まれたことで十字架を一生背負ってしまったという気持ちになった子どもたちのことを、どう考えているのでしょうか。

4．放射線は「少しあっても怖いもの」ではない

　放射線は目に見えないし、においや味もないなど五感には感じないので、目の前を飛んでいてもわかりません。ですから、「今までは身のまわりに放射線はなかったのに、原発事故のせいで自分がさらされるようになった」と考えている人もいると思います。根拠のない「遺伝的影響」や放射線の危険をあおる人たちが影響力を持ってしまった背景には、このこともあるように考えます。

　実際は、放射線は大昔から身のまわりを飛んでいました。宇宙や地面から放射線が飛んでくるし、食べ物からも放射線が出ているし、体からも放射線が飛び出ています。五感に感じないから、飛んでいないように思うだけです。放射線を大量に被曝すると死んでしまいますし、被曝量が増えると「がん」になる可能性が高くなります。しかし、普通に暮らしていて、宇宙や大地、食べ物などから出ている放射線を心配する必要はありません。

　生物が放射線を被曝すると障害が起こることがありますが、それは放射線を「浴びたか・浴びないか」ではなく「どのくらい浴びたのか」で変わります。

　細胞に放射線が照射されるとDNAに傷がつきますが（DNA損傷）、傷は放射線だけがつけているわけではありません。細胞の中で起こっている酵素反応の偶発的な失敗や、酸素を使った呼吸反応、熱、さまざまな環境物質もDNA損傷を作っています。放射線による傷は、むしろ少数といってもいいでしょう。そして、一つひとつの細胞では毎日、何万もの傷がDNAについていますが、永続的な変異として残るのはごくわずかであり、残りは細胞のDNA修復系がなおしてしまいます。

　それでも、ほんの少し傷が残ってしまうことがあります。それがもとで「がん」が発生することもまれにありますが、傷が残るのは悪いことばかりではありません。生物が進化してきたのは、DNAに書かれた遺伝情報が変わったからであって、DNAがまったく変化しなかったら進化も起こりません。ヒトが誕生したのは、放射線などがつけた傷でDNAが変化してきたからです。

　放射線は「よくわからない。少しあっても怖いもの」でも、自然の中で「特

別な存在」でもありません。冷静な判断のために、この認識が大切でしょう。

5．LNT 仮説のまちがった使い方をしてはいけない

福島第一原発事故後には、「放射線を○ mSv 浴びた人が○人いたから、○人ががんになった」という言説も見受けられました。その根拠にされたのが、「放射線によるがんの発生は、しきい値（これ以下では発生しないという量）がなく、被曝量に比例して発生率が増えていく」という「LNT（Linear no-threshold）仮説」です。

原爆生存者の方々での死亡診断書を用いた疫学研究によれば、100 〜 1000mSv の範囲ではがん死亡率が放射線量とほぼ直線的に比例して増加していました。一方、100mSv 以下では放射線被曝で発がんが増えているというはっきりした傾向は認められていません。これをより正確に表現すると、「100mSv 以上を被曝するとがんは増加するが、それ以下だと放射線による影響があったとしても、統計的に検出できないほど小さい」ということです。

100mSv 以下で放射線の影響があるかどうかを、解析する集団の人数を増やせばわかるようになるかというと、そうはなりません。例えば、都道府県で自然発がんの発生率を比べると、同じ日本人でも生活習慣が違うために、高いところと低いところでは 20％くらいのバラツキがあります。世界中の被曝データを集めて集団の規模を大きくしても、同様に人種や生活習慣の違いによって誤差が大きくなるだけで、規模を大きくする効果は相殺されてしまうのです。

LNT 仮説は、生物学的事実として世界で受け入れられているものではありません。それでも LNT 仮説が採用されているのは、被曝の過小評価を避けるという目的のためです。ですからこの仮説を使って、「放射線を○ mSv 浴びた人が○人いたから、○人ががんになった」といった計算をするのは間違いです。

（児玉 一八）

参考文献

＊1 Ito, S. *et al., J. Natl. Inst. Public Health*, Vol.67, No.1, pp.59 〜 70（2018）

＊2 Fujimori, K. *et al., Fukushima J. Med. Sci.*, Vol.60, No.1, pp.75 〜 81（2014）

＊3 Nakamura, N., *Radiat. Res.*, Vol.189, No.2, pp.117 〜 127（2018）

＊4 放射線被曝者医療国際協力推進協議会編『原爆放射線の人体影響（第 2 版)』
文光堂（2012）

＊5 福島民報, 2012 年 8 月 30 日

あ と が き

　2011 年 3 月 11 日に発生した福島第一原発事故から、今年（2021 年）で 10 年が経過します。事故を起こした原発の廃炉や被害の継続など様々な意味で、今も、事故は収束していません。

　この事故のずっと前から、多くの良心的な科学者・技術者をはじめとして、「原発は重大な欠陥を抱えているので、深刻な事故を起こし大量の放射能を放出する恐れがある。その場合には、周辺の住民と環境に多大な被害が及ぶ。原子力政策の抜本的な転換が必要だ」と警告する人々がいました。核燃料の研究者である私も同じ考えを持ち、プルサーマルをはじめとする核燃料サイクルの問題を中心に、一般の方にも講演会などで話してきました。

　福島第一原発事故が起きて、私は自身の認識の浅さを恥じました。ここまでの深刻な事故に発展し、これほど被害が広がるとは考えていなかったからです。事故の後は、それまで以上に、一般の方に話す機会を多くするように努力してきました。

　私は科学的な事実や論理的な評価をまず話し、それに基づいた自分の考えを示すようにしてきました。分かっていないことは素直に分かっていないということも、心がけてきました。そういう対応が、科学者としての良心に従うことであると信じているからです。

　科学の視点に立って、事実や自分の考えを素直に話すことで、原子力に対する立場を超えて（つまり、推進派からも反対派からも、どちらでもない方からも）非難されることがあります。この本の中でも書きましたが、「原発の廃炉は更地方式ではなく、墓地方式による長期保管監視を」、「使用済燃料は乾式貯蔵容器に入れて長期保管監視を」という提案は、福島第一原発事故が起きる前から提起しています。それが、科学的な視点からは妥当と考えるからです。これを提起するたびに、地元の方から叱責される経験を何度もしてきました。

地元の方は、このようにおっしゃるのです。

「電力会社は原発建設にあたり『廃炉にするときには、更地にします』と住民に約束したんだ。だから、廃炉にするなら放射性廃棄物も使用済燃料も全部、よそに運び出してもらわないとだめだ。現地に長期保管するなど約束違反だ」と。

　私は、「嫌なものを国民同士で押し付け合うのではなく、国民全体の合意形成のための時間が必要です。安全を確保しながら、時間をかけて合理的な方策を探ってはどうでしょうか」と提案してきました。この頃は、「自分のところに長く置かれるのは嫌だけれども、あなたの言うように国民同士で押しつけ合うのではダメだとは思う」という声も聞かれるようになりました。

　これからのことを真剣に考えなければいけません。「本音では分かっているけど、今は正面から向き合うのはやめて、先送りにしよう」ということが多くないでしょうか。

　事故を起こした原発の廃炉は遅々として進んでいません。それでも、国は「2041年から2051年には、廃炉は完了します」というスケジュールを示しています。その頃までにきれいな更地になることを、多くの国民は信じているでしょうか？

　国はこんな約束もしました。「除染で集めた汚染土は、中間貯蔵した後、すべて福島県の外に搬出します」。これを信じている福島県民はどれほどいるでしょうか？

　すでに核燃料サイクルという構想が破綻していることは、原子力関係者の多くが認めることでしょう。それなのに、政府は核燃料サイクルに固執しています。こんな類いのことがたくさんあります。

　福島第一原発事故による広範で今後も継続する被害を引き起こし、福島県民をはじめとした多くの国民に大きな危険と不安と実害をもたらした直接の責任は東京電力にあります。しかし、根本は政府の原子力政策・安全規制が科学的に妥当でなかったからであり、事故は歴代政府の責任であることは明白です。

　自民党を中心とする歴代政府は、心ある人びとの警告や提言を受け入れないどころか、反対派として敵視し、私の勤めていた日本原子力研究所では職場に

おける差別を引き起こしてきました。原発再稼働、廃炉、放射性廃棄物などの問題で国民の間に大きな不安と深い分断をもたらしているのも、政府の責任です。

　福島第一原発事故を受けて、政府の原子力政策は根本的に見直されるべきでした。しかし、見直しが中途半端にしかなされず、結局は、原発依存を続け、重大事故のおそれがあるままで原発の再稼働を認め、プルサーマルによる核燃料サイクルという大変愚かな政策に固執しています。

　こうした政府の原子力政策を根本的に見直させることで、原子力の抱える多くの課題、困難を解決していく展望が見えてきます。私たち国民が、政府の政策を変えさせていくのです。

　私たちは、もう、本音の議論をしようではありませんか。諸問題に正面から向き合い、国民の間で議論し、合意形成を図ることが求められています。そのためには、科学的な事実とそれに基づく評価を前提としなければいけません。

　本書が、国民のみなさんが本音の議論をするための判断材料を提供することになることこそ、著者の望むところです。

（岩井　孝）

著者紹介

岩井　孝（いわい たかし）

1956 年千葉県香取郡東庄町生まれ。1979 年京都大学工学部原子核工学科卒業、1981 年京都大学大学院工学研究科修士課程修了。専攻は原子核工学。1981 年日本原子力研究所入所。主に高速増殖炉用プルトニウム燃料の研究に従事。統合により改称された日本原子力研究開発機構を 2015 年に退職。現在、日本科学者会議原子力問題研究委員会委員長。

著書：共著として、『どうするプルトニウム』（リベルタ出版、2007 年）。

児玉　一八（こだま かずや）

1960 年福井県武生市生まれ。1980 年金沢大学理学部化学科在学中に第 1 種放射線取扱主任者免状を取得。1984 年金沢大学大学院理学研究科修士課程修了、1988 年金沢大学大学院医学研究科博士課程修了。医学博士、理学修士。専攻は生物化学、分子生物学。現在、核・エネルギー問題情報センター理事、原発問題住民運動全国連絡センター代表委員。

著書：単著として、『活断層上の欠陥原子炉　志賀原発—はたして福島の事故は特別か』（東洋書店、2013 年）、『身近にあふれる「放射線」が 3 時間でわかる本』（明日香出版社、2020 年）。共著として、『放射線被曝の理科・社会』（かもがわ出版、2014 年）、『しあわせになるための「福島差別」論』（同、2018 年）、『福島事故後の原発の論点』（本の泉社、2019 年）など。

舘野　淳（たての じゅん）

1936 年旧奉天市生まれ。1959 年東京大学工学部応用化学科卒業。工学博士。日本原子力研究所員を経て、1997 年から中央大学商学部教授。2007 年中央大学退職。現在、核・エネルギー問題情報センター事務局長。

著書：単著として、『廃炉時代が始まった』（朝日新聞社、2000 年、リーダーズノート社、2011 年）、『シビアアクシデントの脅威』（東洋書店、2012 年）。共著として、『地球をまわる放射能—核燃料サイクルと原発』（大月書店、1986 年）、『Q＆Aプルトニウム』（リベルタ出版、1994 年）、『動燃、核燃、2000 年』（同、1998 年）『徹底解明東海村臨界事故』（新日本出版社、2000 年）、『これでいいのか福島原発事故報道』（あけび書房、2011 年）、『原発より危険な六ケ所再処理工場』（本の泉社、2017 年）、『原発再稼働適合性審査を批判する』（同、2019 年）。

野口 邦和（のぐち くにかず）

1952 年千葉県佐原市（現在、香取市）生まれ。1975 年東京教育大学理学部化学科卒業、1977 年同大学大学院理学研究科修士課程修了。理学博士。専攻は放射化学、放射線防護学、環境放射線学。1977 年日本大学助手、准教授を経て 2018 年定年退職。前福島大学客員教授。日本大学歯学部放射線施設の選任主任者 24 年。現在、本宮市放射線健康リスク管理アドバイザー、原水爆禁止世界大会運営委員会共同代表。

著書：単著として、『山と空と放射線』（リベルタ出版、1996 年）、『放射能事件ファイル』（新日本出版社、1998 年）、『放射能のはなし』（同、2011 年）など。共著として、『放射線被曝の理科・社会』（かもがわ出版、2014 年）、『しあわせになるための「福島差別」論』（同、2018 年）など。

福島第一原発事故 10 年の再検証

2021年2月20日　第 1 刷 ©

著　者　岩井　孝、児玉　一八
　　　　舘野　淳、野口　邦和
発行者　岡林　信一
発行所　あけび書房株式会社
　　　　〒 102-0073　東京都千代田区九段北 1-9-5
　　　　☎ 03. 3234. 2571 Fax 03. 3234. 2609
　　　　info@akebishobo.com　http://www.akebi.co.jp

組版・印刷・製本／モリモト印刷

ISBN978-4-87154-185-5 C3036

3・11から10年とコロナ禍の今、ポスト原発を読む

吉井英勝著　原子核工学の専門家として、大震災よる原発事故を予見し、追及してきた元衆議院議員が、コロナ禍を経た今こそ再生可能エネルギー普及での国と地域社会再生の重要さを説く。　1600円

市民パワーでCO2も原発もゼロに

再生可能エネルギー100%時代の到来

和田武著　原発ゼロ、再生可能エネルギー100%は世界の流れです。日本が遅れている原因を解明し、世界各国・日本各地の優れた取り組みを紹介。筆者は日本環境学会会長。　1400円

福島原発事故を踏まえて、日本の未来を考える

脱原発、再生可能エネルギー中心の社会へ

和田武著　世界各国の地球温暖化防止＆脱原発エネルギー政策と実施の現状、そして、日本での実現の道筋を分かりやすく記します。脱原発の経済的優位性も明らかにする。　1400円

マスコミ報道で欠落している重大問題を明示する

これでいいのか福島原発事故報道

丸山重威編著　伊東達也、舘野淳ほか著　メディアは何を論じ、何を報道してこなかったのか。原発について国民に正しく伝えてきたのか。各分野の専門家、著名人が総力解明する。　1600円

ノーベル平和賞候補・日本被団協の50年史刊行

ふたたび被爆者をつくるな

日本原水爆被害者団体協議会編　歴史的大労作。被爆者の闘いの記録。後世に残すべき、貴重な史実、資料の集大成。
B5判・上製本・2分冊・箱入り　本巻7000円・別巻5000円（分買可）

被爆の実相を語り継ぐ

被爆者からの伝言　DVD付き

日本原水爆被害者団体協議会編　①ミニ原爆展にもなる32枚の紙芝居、②被爆の実相をリアルに伝えるDVD、③分かりやすい解説書他の箱入りセット。原爆教材としても大好評。　8000円